配电网快速可靠性评估及重构方法

何禹清　何红斌　彭建春　著

科学出版社

北　京

内 容 简 介

配电网的可靠性评估是电网可靠运行的重要保障，配电网的最优重构是确保电网安全经济运行的基础。本书总结研究团队多年来在配电网可靠性评估和重构方法的思路与经验，系统介绍配电网的快速可靠性评估和重构的新问题和新方法。全书共 7 章，涵盖常规配电网和含分布式电源配电网的可靠性评估和重构，以及涵盖上述方法的相关软件平台开发等内容。

本书适合从事电网规划和可靠性研究的科研人员、高等院校相关专业师生、电网企业管理及技术人员参考学习。

图书在版编目（CIP）数据

配电网快速可靠性评估及重构方法 / 何禹清，何红斌，彭建春著.
—北京：科学出版社，2017.8
ISBN 978-7-03-054168-0

Ⅰ. 配⋯　Ⅱ. ①何⋯　②何⋯　③彭⋯　Ⅲ. 配电系统-可靠性-评估
Ⅳ. TM727

中国版本图书馆 CIP 数据核字（2017）第 197289 号

责任编辑：魏英杰 / 责任校对：桂伟利
责任印制：张　伟 / 封面设计：陈　敬

科 学 出 版 社 出版
北京东黄城根北街 16 号
邮政编码：100717
http://www.sciencep.com

北京凌奇印刷有限责任公司 印刷

科学出版社发行　各地新华书店经销
*
2017 年 8 月第　一　版　开本：720×1000　B5
2017 年 8 月第一次印刷　印张：10 1/2
字数：208 000
POD定价：　85.00元
（如有印装质量问题，我社负责调换）

前　言

配电网是连接输电网和用户的桥梁，其运行状态直接关系到用户的用电质量和供电企业的经济效益。配电网可靠性评估是电网可靠运行的重要保障，配电网最优重构是确保电网安全经济运行的基础。近年来随着分布式电源的迅速发展，配电网在结构和运行上出现许多新问题。利用常规理论和方法来解决这种新型配电网的可靠性和经济运行问题时，出现了许多局限性。研究含分布式电源的新型配电网的快速可靠性评估和重构方法，具有重要的理论和工程实际意义。

本书结合含分布式电源的新型配电网与传统配电网的差异，探讨适用任意结构配电网快速、准确的可靠性评估方法和重构方法。主要内容包括针对含主电源和一个备用电源的配电网，构造主网络和支网络，并基于故障传递特性，提出快速可靠性评估算法；通过对风电功率的概率特性和支网络故障特性的分析，构造风电的供电能力范围、供电次序和供电概率，提出考虑风电能量随机性的配电网可靠性评估新网络模型和快速算法；基于网络简化，给出元环的概念，并构造反映负荷在元环路径上引起有功损耗大小的负荷耗散分量和路径耗散因子，提出配电网重构的最小可行分析对象及其快速分析算法；考虑风电出力的随机性使含风电的配电网重构难以用传统模型来描述，构造含风电的配电网重构的场景模型及高效遗传算法；基于对可靠性指标评价体系的分析，提出考虑系统有功网损、平均供电可用率指标和系统供电量不足指标的配电网重构多目标模型及分阶段算法；以传统配电网和新型配电网的可靠性评估和重构方法等一系列模型和算法为基础，论述配电网快速可靠性评估及重构优化的软件系统的开发框架及实用化。

本书得到国家电网公司科技项目"适应新型城镇化的配电网协调规划关键技术及实证研究"和国网湖南省电力公司科技项目"湖南配

电网低电压治理关键技术装备研究与应用"的资助，在此表示感谢。在写作过程中，参考了国内外出版的相关文献，在此一并感谢。

　　限于作者学识水平，书中不妥之处在所难免，恳请读者批评指正。

目　　录

第1章 绪　　论

1.1　背景和意义

过去几十年，我国电力规划和建设中普遍存在着"重发，轻输，不管供"的偏向。配电网作为直接面向用户的重要纽带长期缺乏合理的规划与资金投入，致使很多地区呈现出有电送不进、送进用不上、用上质量差等典型矛盾。进入 21 世纪，国家对配电网的投入比例不断加大，配电网结构和运行水平得到了极大改善，但由于历史欠账太多，配电网运行的可靠性和经济性仍处于较低水平。配电网发展的滞后已经严重阻碍了国民经济的发展和人民生活质量的提高，成为我国实现智能化电网的重要障碍。

配电网作为电力系统中规模最大、分布最广、最具多样性的一个子系统[1]，遍布于人们生产和生活的每一个角落，是为生产和生活提供营养和动力的"毛细血管"，其重要性主要体现在以下几个方面。

① 它是直接与用户相连的系统，是电力系统向用户提供电能和分配电能的重要环节。由于当前阶段电能不可能大规模地储存，因此一旦配电网出现故障，不但会造成用户停电，而且会使处于系统上游的发、输电系统也不能正常工作，产生连锁性反应。从这点看，其重要性不亚于发、输电系统。

② 配电网是对用户用电影响最大的子系统。配电网的设备数量多、分布广，其线路长度和元件数目远多于发、输电系统，并且这些元件一般是采用辐射式网络进行连接，故障概率大。据不完全统计，用户停电故障中 80% 以上是由电力系统中的配电环节的故障引起的。

③ 随着经济的发展和人们生活水平的不断提高，大量的电器设备和电子产品进入千家万户，人们对电能的要求已不仅仅局限于有电可用的层面，对配电网的可靠性和电能质量的要求越来越高。为满足这些需求，加大对配电网的资金投入是必不可少的。

④ 随着电力市场的发展，电力企业的经营和管理策略逐步从生产管理转移到以用户为中心的层面上来。提高供电可靠性和供电质量，加强用户对企业的信任对电力企业自身发展非常重要。同时，提高配电网的供电效率、减少网络损耗，也是从另一个方面提高电力企业的效益和竞争力，为国家的"节能减排"战略尽到应有的责任。

配电网的重要性密切关系到人们的生活、企业的效益和国家的长远发展，但由于长期"重发轻供"局面的存在，我国的配电网，特别是农村配电网的现状极其落后，很多地区基本的供电可靠性和供电质量都得不到满足。这一方面是由于资金投入不足导致的设备陈旧问题，另一方面则是由于配电网规划和运行理念的落后及执行力不够导致的网络结构混乱问题，主要体现在以下方面。

① 在规划过程中，很多线路出现明显的"卡脖子"现象，如在主干线中出现小段的小截面导线，大大降低了线路的供电能力。

② 在可以形成手拉手供电的情况下，未形成手拉手式的弱环网结构，使线路出现故障无法实现负荷的转供，大大降低了供电的可靠性。

③ 在不需要形成手拉手供电的情况下(一般为两条长的配电线路)，形成了手拉手式的弱环网结构。这种弱环网结构本质上是一种假互联，实际并不具备转供负荷的能力，不仅加大了配电网的投资成本，同时元件数目的增多也降低了线路的可靠性。

④ 没有实现就近的分区供电，部分地区出现迂回供电的情况，具体表现在不同变电站出现交互供电，这种情况在降低可靠性的同时也增加了损耗。

⑤ 配电线路上不设开关或者开关装设的位置不合理，一旦出现故障便造成整条线路或大部分线路失电。

配电网存在的上述问题导致我国配电网供电可靠性和经济性低下。先进国家和地区的配电网供电可靠率普遍达到 99.9986%及以上水平，而我国2014年城市电网供电可靠率为99.9710%、农网供电可靠率为 99.9350%。美国全国平均年户停电时间为 58min，日本全国平均年户停电时间为 90min，而我国全国平均年户停电时间长达 3.14h。同时，我国配电系统目前线损率很高，均值达 7%以上，仅 10kV 网络的损耗就占全网损耗的 22.25%，而发达国家线损率仅为 5.6% 左右。

配电网除结构混乱等历史遗留问题，还面临着分布式电源并网带来的一系列新问题。近年来分布式电源，特别是风力发电、生物能发电、燃气轮机、太阳能发电和光伏电池、燃料电池、微型燃气轮机、内燃机等清洁能源在我国得到了迅速发展，大量的分布式电源从配电网接入系统。这些新型电源为缓解当前电力紧张、改善我国的能源结构作出了巨大经济贡献，并产生了良好的社会效益，同时这些新型电源的并网使配电网在结构和运行特性上与传统电网有明显的区别，给电网的规划和运行带来了新的问题和挑战。这主要体现在以下两个方面。

① 在传统配电网(含备用电源)中，主电源和备用电源虽在结构上相连(环网结构)，但总是开环运行(正常时备用电源不供电)。在含分布式电源的配电网中，主电源和分布式电源不但在结构上相连，而且往往环网运行，即负荷由主电源和分布式电源同时供电。当系统侧电源故障时，配电网中的分布式电源不能像备用电源那样在容量上满足所有区域的电力需求，往往只能满足部分区域的电力供应，而且这种可供区域的大小具有很强的随机性。

② 分布式电源的出力直接受自然环境等外界随机因素的影响，这使线路潮流与含备用电源的传统配电网中的情况不同，不但方向变化频繁，而且大小也变化频繁。线路和系统的网损和电压受这种随机性影响很大，在一种确定的分布式电源出力条件下得到的规划和运行方案，在其他出力状态下不一定是最优方案，有时甚至是一种威胁系统安全稳定运行的不可行方案。

鉴于配电网在电力系统和国民经济发展中的重要性及其面临的问题和系列挑战，在进行大量资金投入的同时，还需要从理论上指导配电网的规划和运行。配电网的可靠性评估作为识别网络结构薄弱环节的基本评估手段，是电网可靠运行的重要保障，而配电网的最优重构是确保电网安全经济运行的基础，对这两个问题进行深入的研究具有重要的理论和现实意义。

1.2　配电网可靠性评估的研究现状

配电网可靠性的研究始于 20 世纪 60 年代，美国、英国、加拿大、日本、法国及俄罗斯等工业技术发展较快的先进国家都成立了专门的研究机构，开展配电系统可靠性方面的研究。这个时期所做的主要工作是配电网可靠性评估原始数据的收集和整理工作，配电网可靠性评估的指标体系在这个阶段也得到建立和完善。我国在 20 世纪 80 年代以前，由于电力工业的规模、统计数据和分析方法的匮乏，可靠性评估这一领域发展非常缓慢。直至 1985 年，我国成立了电力可靠性管理中心，颁布了《配电系统供电可靠性统计办法(试行)》，才真正开展了设备可靠性统计等基础性工作。进入 90 年代以来，国家对配电系统可靠性的研究更加重视，10kV 用户供电可靠性开始被列入供电安全考核项目中；2003 年 6 月电力可靠性管理中心正式颁布了《供电系统用户供电可靠性评价规程》；2007 年 7 月又编制了《用户供电可靠性管理工作手册》，对可靠性管理工作进行了详细规范，配电网可靠性的研究工作得到了进一步的发展[2-7]。配电网可靠性评估是可靠性研究中最重要环节，目前配电网可靠性评估方法综合起来可以分为模拟法、解析法和人工智能算法。

1.2.1　模拟法

配电网可靠性评估的模拟法一般采用蒙特卡罗仿真法。蒙特卡罗仿真法[8-13]通过模拟元件的故障、老化过程，统计在仿真时间内网络的故障次数和影响范围来获取可靠性指标。该方法能够模拟元件的复杂寿命过程和复杂系统行为，可以充分计及元件的非指数分布的修复时间和重叠故障，为客观评价不同状态下网络的可靠性提供良好的工具。采用蒙特卡罗仿真法既可以提供可靠性指标的期望值，又能得到指标的概率分布，易于察觉某些发生概率小但对系统影响大的事件。

蒙特卡罗仿真法直接运用于配电网的可靠性评估时仍存在较多的缺陷和不足[14-16]，主要表现在运用该方法仿真所得的可靠性指标的可信度与仿真计算时间和抽样样本数量密切相关,通常为了获得足够的可靠性指标精度,需要大量增加抽样次数,导致计算量增大,计算时间变长,难以满足在线评估的要求。针对蒙特卡罗仿真法的不足,大量的学者进行了研究,并提出许多有效的改善方法。Goel 等[17]探讨了蒙特卡罗法参数对可靠性评估速度和准确性的影响,提出考虑评估速度和准确性的折中参数选择方法。丁明等[18]采用改进的控制变量法来减少样本方差,以提高蒙特卡罗法仿真效率。王成山等[19]提出准区域仿真和简化区域仿真两种非序贯蒙特卡罗法,通过对分区系统进行状态抽样,获得分区系统的可靠性参数,该方法大大提高了蒙特卡罗法的仿真效率。万国成等[20]将蒙特卡罗法与解析法相结合来减少故障区域的数量,减少仿真时间。

1.2.2 解析法

相对模拟法仿真时间过长的不足,解析法以此快速性和准确性在工程中得到了更加广泛的运用。解析法的主要思路是通过对各元件故障产生的影响分析,列出全部可能的故障影响事件,再据此综合得出各负荷点的可靠性指标,以及系统的可靠性指标。解析法的主要优点是物理概念清楚、模型精度高。

当然,解析法也存在一些不足,主要表现在以下方面。

① 不能模拟具有多种故障特性的电力元件,仅适用电力元件的状态概率呈指数分布。

② 不能计及节点负荷特性的变化。

③ 计算量随着系统的增大、元件数目的增多而急剧增加。

④ 不易求解频率指标等。

目前对于解析法的改良主要针对第三个缺陷。针对这个问题的研究非常多,根据考虑元件故障影响范围和配电网网络简化思路的不同,可细分为故障模式影响分析法、最小路法、最小割集法、网络等值法、区域分块法等。

1. 故障模式影响分析法

故障模式影响分析(failure-mode-effect-analysis,FMEA)法[21-27]是

一种原理简单、清晰的可靠性评估算法。该方法的具体分析步骤是根据各元件的可靠性参数列出系统可能出现的全部状态，然后对各元件故障产生的影响分析，列出全部可能的故障影响事件表，再据此综合得出各负荷点和系统的可靠性指标。该方法已广泛用于小型配电系统的可靠性评估中。但是，从其分析步骤可以看出，对元件多、结构复杂的配电网，不但基本故障事件表的规模随元件数的平方增长，而且电网结构的复杂性使基本故障事件表的建立深度和广度搜索量剧增，因此 FMEA 法计算量大、速度慢。

很多学者提出解决故障事件表搜索的改进方法，最具代表性的方法是故障遍历法和故障扩散法。李志民等[28]首先提出故障遍历法，该算法根据配电系统的结构特点，将树的先根优先遍历和后根优先遍历技术分别用于配电网潮流的功率前推和回代计算，实现与可靠性评估算法的结合。李卫星等[29]的基础上，提出适应配电网络拓扑结构变化的改进故障遍历算法，该算法利用父向搜索法确定故障的影响范围，并利用广度优先遍历搜索法将系统的故障分为故障修复区前向故障恢复区和后向故障恢复区。徐珍霞等[30]利用数据结构中的深度搜索方法对故障后果相同的设备进行合并，然后对合并后的最小隔离块设定可靠性参数，只需对最小隔离块进行一次枚举分析即可实现对所有隔离块的参数赋值。该方法减少了设备枚举数量，同时避免了由于设备故障类型不同造成的重复枚举。

2. 最小路法

最小路法的基本思想是通过对配电网中每个负荷点求取最小供电路径，并将非最小路上元件故障对负荷点可靠性的影响折算到相应的最小路节点上，然后对其最小路上的元件与节点进行计算，便可得到负荷点相应的可靠性指标。相对于故障模式影响分析，最小路法可以大大减少故障事件表的维数。但该算法对由主馈线和分支馈线组成的较复杂的系统，其最小路的求解和简化工作非常复杂。

针对最小路法的不足[31]，不少学者提出改进思想。别朝红等[32]采用最小路法分析分支线保护、隔离开关、分段断路器及计划检修的影响，计算效率与 FMEA 法相比有了较大的提高。文献[33]，[34]也提出基于最小路的配电系统靠性评估算法，该算法将系统中的元件分成最小路元件和非最小路元件，分别研究它们对负荷点可靠性的影响。谢开贵等[35]基于图论的思想提出一种确定任意节点至电源点或任意两节点间最小路的算法，提高了最小路的寻找效率。

3. 最小割集法

最小割集法是研究可靠性的一种经典方法。一个最小割集是指包含有最少数量，而又最必需的底事件的割集，全部最小割集的完整集合则代表了给定系统的全部故障。最小割集法将待研究的电力元件失效集合限制在最小割集以内，减少了需要分析的故障事件数。

许多学者把最小割集法引入配电网可靠性评估领域，并针对配电网的特殊性，提出一些改良方法。姚李孝等[36]提出将各元件对负荷点可靠性指标的影响分为直接割集和间接割集，将元件的故障模式对系统的后果影响限制在最小割集范围内，提高了评估的效率。杨文宇等[37]采用最小割集理论，提出一种通用的可计算机实现的配电系统可靠性评估算法。Ozdemir 等[38]通过确定基本最小割集来简化故障的模拟，提高了计算效率。张鹏等[39]提出一种结合最小割集法的 FMEA 法，使 FMEA 可应用大规模配电系统可靠性评估，使最小割集算法适用于大规模配电网。别朝红等[40]提出由最小路求取最小割集思路，并将负荷点供电的路径分为正常供电路径和备用源路径，通过判断两种路径事件是否相重，得到可靠性的主要指标。

相比故障模式影响分析法和最小路法，最小割集法的计算量有所减少，但是对于复杂的大型配电系统来说，最小割集法仍然非常费时。

4. 网络等值法

网络等值法是对复杂网络进行等效简化的方法。该方法首先由 Billinton 提出[41]，其基本原理是：首先利用一个等效元件来代替最底层的子馈线，并利用这一思想逐级向上等效直到等效后的网络不存在支网络为止，对最后得到的等效网络利用 FMEA 法或最小路法计算各节点的可靠性指标，完成上行等效过程。然后，将所得到的可靠性指标代替等效前的子馈线，计算该子馈线的可靠性指标，重复这一过程直到最底层的子馈线，完成下行等效过程。最后，综合各个负荷点的可靠性指标得到系统的可靠性指标。

网络等值法的基本思想得到很多学者的认同，他们也对该方法的某些方面进行了补充和发展。文献[42]指出文献[41]在考虑各分支馈线首端所设断路器的影响的不足，给出了修正的网络等值法数学模型，该模型能充分计及熔断器、断路器、备用变压器等设备的影响。Wang等[43]提出多状态等效模型，并将复杂配电系统的等效模型用支路等效模型和多状态串联元件等效模型来描述，该算法能够确定负荷点的可靠性指标和整个电力系统的用户因停电而遭受的损失。夏岩等[44]将网络元件和分支子馈线分类组合成节点和线路两种集合元件，采取分层结构描述它们之间的拓扑关系，通过对各层集合元件的宽度优先搜索，使网络结构得到简化。沈亚东等[45]提出一种单向等值方法，该方法首先将整个网络中相连的断路器/隔离开关之间的所有元件/负荷点等值成一个负荷点，然后通过不断的由下而上的网络等值将整个配电网逐步等值成一个节点。该方法在整个等值过程中，所有元件只需遍历一次，从而避免冗余计算。

网络等值法不需要建立故障事件表，计算量大大减少，对辐射状配电网而言，该方法具有很好的适应性，但是该方法还存在两方面的不足。

① 需要对子馈线进行连续等值。

② 只能得到等效负荷和系统的可靠性指标，不能直接得到各负荷点的可靠性指标，若需求取负荷点的指标值，则必须从等效负荷出发，用 FMEA 法来求取，计算量将呈指数增大。

5. 区域分块法

陆志峰等[46]采用故障模式影响分析法对网络结构进行故障后果区域划分，找出与负荷点停电模式相关的不同元件集合，并得出以下结论：配电系统中负荷点可靠性指标不但与故障元件有关，而且也与故障后隔离故障，以及恢复供电的开关装置有关。这一结论是区域分块法提出的网络基础。谢莹华等在文献[46]的研究基础上，提出配电系统可靠性评估中区域网络模型的概念，根据自动开关装置和手动开关装置的位置，提出以馈线为单位，将网络划分为自动隔离区和手动隔离区的馈线分区思想，在分区基础上，将馈线定义为区域节点和开荧弧构成的区域网络模型，采用区域故障模式影响分析法进行系统可靠性评估。该文完整、系统地阐述了区域块的思想[47]。刘柏私等[48]结合复杂中压配电网结构特点，提出邻接矩阵的概念，并据此提出快速分块算法，解决分块计算的难题。卫志农等[49]根据复杂配网特点将网络分块，然后将块等效为简单的支路，形成简化网络模型。刘会家等[50]根据开关的功能，将馈线网络分为自动隔离区域和手动隔离区域，根据开关的位置，将区域分为具有切换功能的区域和不具有切换功能的区域，并提出一种统一矩阵算法。谢开贵等[51]系统阐述了区域块的搜索算法，增强了该方法在工程实际中的适用性。

区域分块法紧密联系配电网的实际，实现了从大网络向小网络的简化。该方法在减少分析对象方面的成绩不可磨灭。

1.2.3 人工智能算法

配电网的网络结构和负荷属性(包括负荷大小和用户数)是一类时变的非恒定量，在每种参数状态下，要得到正确的可靠性指标值，模拟法和模拟法都要重新计算。因此，当网络规模较大时，这两种方法必然面临建模难、计算量大、评估时间长等问题。另一方面，实际的可靠性评估中电气元件的可靠性参数的精确收集非常困难，这些数据通常是不精确的模糊值，现有的方法通常将其当做确定数据处理，必然导致计算结果同实际值存在较大偏差。人工智能算法在模拟事物内在规律、确定输入输出间复杂的相互关系、处理不确定性参数问题等方面具有明显优势，这些优势也被运用到配电网可靠性评估中。

人工神经网络法首先在这一领域得到应用。文献[52]提出利用人工神经网络进行配电系统可靠性评估的方法，将历史数据负荷属性和网络结构作为样本，根据BP学习规则构造人工神经网络模型以此来估算网络的可靠性。文献[53]将配电网分解成多个子网络，对每个子网络利用人工神经网络进行训练和测试，该方法能够应对网络结构的任何变化，具有很强的自适应能力。文献[54]提出用三层前馈人工神经网络对历史数据进行训练，得到配电系统的各种可靠性指标。文献[55]将基于自组织映射算法的人工神经网络与蒙特卡罗模拟法相结合计算各种可靠性指标。

模糊集理论被引入含负荷不确定性和元件故障属性不确定性的配电系统可靠性评估中[56]。文献[57]同时分析随机和模糊两种不确定事件对电力系统可靠性的影响，弥补了常规可靠性评估技术只能单一计及随机事件影响的不足。文献[58]在同时考虑随机不确定事件和模糊性不确定事件对系统可靠性评估影响的基础上，综合应用概率论和模糊集合论，提出模糊可靠性评估方法。

1.2.4　含分布式电源的可靠性评估方法

含分布式电源的配电网与传统配电网在结构和运行方式上差异很大。在含备用电源的配电网中，主电源和备用电源虽在结构上相连(环网结构)，但总是开环运行(正常时备用电源不供电)；而在含分布式电源的配电网中，主电源和分布式电源不但结构上相连，而且往往环网运行，即负荷由主电源和分布式电源同时供电。当系统侧电源故障时，配电网中的分布式电源受机组容量等其他的影响，不能像备用电源那样在容量上能满足所有区域的电力需求，它往往只能满足部分区域的电力供应，而且这种部分区域的大小具有很强的随机性。另外，分布式电源输出功率具有很强的随机性，这使线路潮流与含备用电源的配电网中的情况不同，不但方向变化频繁，而且大小也变化频繁。这些差异的存在使已有的常规配电网可靠性评估方法难以直接适用。

对于配电网的这些新变化，一些学者已经开始对这一问题进行研究。文献[59]，[60]对风电出力采用恒功率模型描述，并分别运用传统FMEA 法和网络等效法计算可靠性指标。马立克等[61]通过分析风能/光能混合发电系统对配电系统可靠性的影响，论证了混合发电的分布式电源的优点，并在其博士论文[62]对这一问题加以讨论。Billinton 等[63]分析了风电接入配电网后对网络可靠性的效益产生的影响。Wang 等[64]利用时间序列模拟法分析了风电作为备用电源时对配电网可靠性产生的影响。Momoh 等[65]在电力市场化的前提下对分布式电源的经济、可靠性作用进行了分析。上述工作在定性分析分布式电源的可靠性影响方式作了很好的尝试，但如何快速定量评价其影响仍是一个亟待解决的问题。

1.2.5　各种方法的对比分析

配电网靠性评估的研究得到了广泛的关注[67-69]，综合上述各种方法的主要思路和计算流程，各种可靠性评估算法的技术特点如表 1.1 所示。从表中可见，配电网可靠性评估的主要问题是计算的速度，因此研究快速的配电网可靠性评估方法具有重要的理论和工程意义。

表 1.1　各种可靠性评估方法的对比

方法		计算速度	准确性	特点
模拟法		慢	与模拟次数有关	能计及元件的非指数分布，结果具有概率特性
解析法	FMEA 法	慢	很高	基本故障事件表的建立较繁琐
	最小路法	较慢	很高	最小路的求解和简化工作非常复杂
	最小割集法	较慢	很高	最小割集的求取非常费时
	网络等值法	较快	很高	不能直接得到各负荷点的可靠性指标
	区域分块法	快	很高	减少分析对象方面有很好的优势
人工智能算法		慢	一般	不用考虑具体的网络结构，但计算精度有待提高

1.3　配电网重构的研究现状

配电网重构就是通过改变网络中开关的开合状态来变换网络结构实现负荷转移，以达到平衡负荷、降低网损、改善电压分布和供电可靠性、提高供电质量等目的。国内外对于配电网重构的研究开展较早，最初主要针对城市电网，后来为了提高农村配电网的供电可靠性，分段开关和联络开关的数目不断增加，使农村电网的重构也成为可能。配电网重构的研究在较早阶段主要根据分析电气量的物理意义和变化情况来设置和构造寻优算法，后来随着人工智能化算法的发展，各种先进、快速的智能算法也运用到这一领域。目前，对配电网重构的研究方法综合起来可以分为支路交换法、最优流法、人工智能算法，以及其他方法或者上述方法的组合方法[69,70]。

1.3.1　支路交换法

支路交换法也称开关交换算法，由 Civanlar 等[71]首先提出。该方法的基本思想是利用开关的开合在两条馈线之间交换负荷，使两条馈线达到负荷均衡进而减少网络损耗。支路交换法在操作过程中通常需要估算网损的变化，从而降低开关操作的维数。传统的支路交换法[72-75]，对于网损变化的估算一般考虑两条启发式规则：一条规则是负荷必须从电压低的馈线端向电压高的馈线端转移；另一条规则是只有在开断开关的两端存在较大的电压差时，合上开断开关才可能获得网损的下降。

针对支路交换法中网损变化估算的启发式规则，许多文献提出改进思路。毕鹏翔等[76]提出配电网潮流支路电流法收敛性的理论，并在文献[77]提出通过节点流过的负荷电流值与理想转移负荷之间的距离确定打开的分段开关，构造一次可以实施多个独立拓扑调整的配网重构方法。张栋等[78]提出用近似网损替代精确网损，对每个联络开关依次进行对应环网的重构优化。屠强等[79]提出二次电流矩的概念，并以此为基础形成一种辐射型配电网重构的方法。郝文波等[80]由负荷受电剖分路径电气距离指标构造一种新的物理寻优方法，该方法在合环操作形成的闭环中根据电气距离为负荷分配供电路径。

支路交换法[81]的思路清晰、物理意义明确，但运用到实际大规模配电网时仍有以下不足。

① 在支路交换过程中需要大量的全网潮流计算，计算时间长，重构计算的效率不高。

② 已有的启发式规则不具有理论意义的全局最优，易陷入局部最优解。

1.3.2 最优流法

最优流模式(optimal flow pattern,OFP)法由 Shirmohammadi 等[82]首先提出。最优流法的根本思想是在假定各个节点负荷的等值注入电流是已知的基础上,从弱环网中找到产生最小网损的最优开环结构。

针对上述问题,Goswami[83]提出改进意见,他们一次只合一个开断开关,并确定一个待打开开关,这样可消除网环电流的相互影响,但文献[82]的其他缺点仍然存在。由于文献[83]确定一个开断开关操作需要算一次辐射网潮流和两次单环网潮流,因此计算量还有增大的趋势。Vesna 等[84]提出断点阻抗矩阵的改进计算方法,在一定程度上减少了计算量。邓佑满等在文献[85]中提出一个快速有效的单环网潮流算法求解最优流模式的新方法。吴本悦等[86]从理论上推导出在最优流模式下打开环网中的一个开关后系统网损变化的计算公式。刘蔚等[87]先利用配电网的同胚图将重构问题的全局寻优空间划分为若干子空间,然后寻找子空间内的最优解,在一定程度上避免了最优流法无法得到全局最优解的情况。王威等[88]基于最优流模式确定可行的参考网络结构,由此借助 Minty 算法使生成树的数量显著减少,使寻求配网重构最优解的代价能够满足实际需要。雷健生等[89]把安全性、经济性,以及负荷的三相不平衡特性考虑到最优流算法中,使其更适应实际要求。

1.3.3 人工智能算法

配电网重构是大规模、非线性、混合整数规划问题。人工智能算法在解决高维空间、高复杂、非线性优化问题中具有全局最优、效率高等优点,在配电网重构的计算中得到了广泛的应用。

1. 遗传算法

遗传算法(genetic algorithm,GA)具有全局并行搜索能力,在配电网重构问题中得到了广泛应用。然而,遗传算法并不能直接应用于该问题,主要原因以下。

① 配电网是一种"闭环设计,开环运行"的网络,简单的套用

遗传算法必然会产生大量的闭环结构。

② 配电网重构含有大量具有明确物理意义的约束条件,若直接采用罚因子并以此来选择个体可能会使算法效率下降。

③ 由于传统遗传算法搜索的随机性和半盲性,种群在进化过程中不可避免地会出现基因缺失和基因异常,导致遗传算法收敛速度慢。

针对上述不足,许多学者提出改进算法和思路[90-116]。

针对第一个问题[90-95],宋平等[90]在编码阶段防止环网和"孤岛"出现。唐斌等[91]提出相邻开关在染色体中相邻,以及构成同一环路的开关在同一基因块内的编码方法。余贻鑫等[92]提出用联络开关的开、合状态来编制染色体。毕鹏翔等[93]提出相邻开关在染色体中相邻及构成同一环路的开关在同一基因块内的编码方法。郑欣等[94]使用可操作开关支路的整数编号的排列顺序来表示染色体。麻秀范等[95]提出十进制遗传编码规则。

针对第二个问题,余健明等[96]在处理约束条件时,采用不同于普通罚函数法的直接比较方法。

针对第三个问题[97-110],蒙文川等[97]通过修改各个体的某些基因位上的基因,使可行解的比例变大。杨建军等[98]提出在遗传操作中采用基于环路的方法。李晓明等[99]通过对与不可行解相对应的个体进行改良操作,使其变为可行解。王秀云等[100]提出基于度的拓扑方法来判定不可行解。王超学等[101]设计清除染色体中劣质基因的清除操作和插入优质基因的插入操作。梁勇等[102]引入基因的重组操作。王超学等[103]基于免疫机制提出一种免疫遗传算法。余健明等[104]提出一种基于操作簇改良策略的配电网重构遗传算法。杨建军等[105]设计了基于环路的方法,并对操作过程进行了改进。余健明等[106]提出基于原始网络的初始种群选取,以及在自适应遗传算法之中加入排查操作的策略。欧阳武等[107]引入随机生成树策略,并在变异操作中动态控制变异率。刘扬等[108]对遗传模拟退火算法中的交叉、变异操作进行了改进,并实施最优保留策略。

2. 禁忌搜索算法

禁忌搜索(tabu search，TS)算法是一种全局逐步优算法，是局部邻域搜索的一种扩展。TS 算法最早由 Glover[117]于 1977 年提出，是一项通用的内启发式最优技术，可用于求解大规模的组合最优问题。

TS 算法具有的强搜索能力在配网重构中得到了广泛应用。陈根军等[118]提出把 TS 算法运用到配电网重构中，针对配电网重构的特殊性，对移动、Tabu 表和释放水平三个方面进行了详细探讨。葛少云等[119]推证了所提的改进 Tabu 搜索算法在配电网络重构问题上必然收敛到全局最优解。左飞等[120]通过对 TS 移动的选择和控制，有效地解决了寻优过程中产生大量不可行解的问题。张栋等[121]提出一种结合变异运算的最优邻域禁忌搜索算法。殷平等[122]提出一种基于禁忌搜索的同步开关法，应用禁忌搜索策略替代同步开关法的遍历搜索。张忠会等[123]将同步开关法的思想用于 TS 优化编码策略中。熊宁等[124]提出一种基于开关组的禁忌搜索算法求解优化模型。

禁忌算法具有很强的技术特性，但运用到配电网重构问题时仍有以下不足。

① 在移动过程中缺乏对寻优过程的有效控制，需要对寻优过程中产生的大量不可行进行事后判断和处理，寻优效率有待改进。

② 存在计算效率与内存的矛盾，要尽量少占用内存，就要求禁忌长度、候选集合尽量小，但禁忌长度过短会造成搜索的循环，候选集合过小会造成过早地陷入局部最优。为减少计算时间而希望解分量变化和目标值变化的禁忌范围要大，但禁忌范围太大又可能导致陷入局部最优点。

③ TS 算法本身是一种从单点出发寻优的方法，容易陷入局部最优解，找到整体最优解的概率不大。

3. 粒子群算法

粒子群(particle swarm optimization，PSO) 算法是由 Kennedy 和 Eberhart[125]提出的一种基于社会群体行为的全局优化进化算法，具有并行处理的特征，鲁棒性好，易于实现，且计算效率高，已成功应用于各种复杂的优化问题。PSO 算法具有很强的技术特性，但运用到配电网重构问题时仍有以下不足。

① PSO 算法依靠群体之间的合作与竞争来指导寻优，但粒子本身没有变异机制，算法易陷入局部最优，出现所谓的早熟现象。

② 对于实际配电网，作为优化变量的开关数目众多，应用二进制粒子群算法的编码太长，易产生无效粒子。

针对上述问题，大量学者进行了改进研究[126-134]。许立雄等[126]结合配电网络的特点改进了 PSO 算法粒子位置的更新规则，并结合禁忌搜索的记忆功能和貌视准则，克服了 PSO 算法的早熟问题。李振坤等[127]通过将二进制粒子群算法和离散粒子群算法相结合。李振坤等[128]将多代理系统技术和 PSO 相结合来实现动态重构。陈曦等[129]提出一种基于正态分布的局优邻域闭锁方法的退火技术的粒子群算法，通过改进扰动机制，设计自适应退火策略，提高了算法的全局寻优能力。赵晶晶等[130]提出一种基于粒子群优化算法的配电网重构和 DG 注入功率综合优化算法。王秀云等[131]把初始粒子群按照适应度的大小分类，并分别进行动态搜索。通过引入交叉和禁忌思想，减少了解陷入局部最优的可能性。吕林等[132]采用控制理论的分层思想，提出多粒子群分层分布式优化算法。卢志刚等[133]提出一种应用于配电网络重构的改进二进制粒子群优化算法，并结合禁忌搜索算法，使 PSO 算法跳出局部最优化陷阱。

4. 其他智能算法

模拟退火(simulated annealing，SA)算法是从融熔金属的物理冷却过程和优化过程之间的相似性推导而来的。该方法首先用于求解组合优化问题。模拟退火算法就是用随机搜索迭代过程来寻求最优解。SA 法对目标函数无特殊要求，得到的是全局最优解，此解与初始可行解基本无关，SA 法还能有效地克服"维数灾难"。

Chiang 等[135]采用在不同的温度用不同的收敛指标来提高 SA 算法的速度。Chiang 等[136]给出 SA 算法在配电网重构中的具体应用，当温度较高时用简化的潮流计算方法，在温度较低时用严格的潮流计算公式的策略来提高计算速度。文献[137]构造了一个单调递减的初始当前解序列，这一改进使算法对参数的依赖减小，而且进一步降低了计算量。Chang 等[138]首先通过多次配电网重构确定出与系统结构和系统负荷模式相关的初始温度，然后通过改变邻近开关状态的方法来构造新的配电网结构。Jiang 等[139]提出利用模拟退火算法进行配电网重构和电容器投切的综合优化算法，不但降低了线损，也解决了配电网重构过程中的电压越限问题。

SA 算法一般可以得到全局最优或全局次最优解，但该方法对参数和退火方案的依赖性大，计算量大，将其用于配电网重构时需要进行多层次大量的开关交换，需要进行多次潮流计算及网损估计，因此计算量更大。

蚁群优化算法(ant colony optimization, ACO)是受蚂蚁觅食行为的启发提出的一种新的智能优化算法[140-148]。ACO 算法本质上是一个多代理系统，在这个系统中单个代理之间的交互导致了整个蚁群的复杂行为，这种方法的主要特征是正反馈、分布式计算，以及富有建设性的贪婪启发式搜索的运用。

王淳等[149]把将模拟植物生长算法应用于配电网络重构。该算法将目标函数与约束条件分开处理，采用模拟植物生长算法这种兼具方向性和随机性的搜索机制，避免已有仿生类算法由于一些参数难以确定和(或)无引导性的搜索方向而陷入局部最优的问题。

麻秀范等[150]将家族优生学(FEBE)[151]的方法进行配网重构，该方法将正交设计技术引入家庭的子代培植过程，以加强个体的行为改进，避免早熟，加快了进化后期的收敛速度。

1.3.4 其他方法

配电网重构问题是一个经典的优化问题，很多学者利用其他优化方法对该问题进行了研究[152-156]。

文献[152]～[154]利用神经网络来描述负荷模式和最优网络结构之间的映射关系。通过对训练样本的学习，神经网络能够根据输入的负荷模式给出对应的最优网络结构类别。文献[155]配电网重构可以表述为模式识别问题。通过建立配电网的结构模式，并利用基于结构风险最小化原理的支持向量机，提出一种配电网重构模式识别模型的构造方法。刘柏私等[156]提出配电网重构的动态规划算法，将一对常闭/常开开关的操作视为一个阶段，从而将配电网络重构问题看做是多阶段的动态决策问题。

1.3.5　含分布式电源的配电网重构方法

对于含分布式电源的配电网重构问题，传统的基于支路交换、最优流、动态规划理论、网络特征分析和人工智能理论的配电网重构方法不能完全适用。具体有两个方面的原因。

① DG 并网后配电网由简单的辐射型网络变成了多电源的弱环网络，这完全打破了传统配电网重构对网络呈辐射状的结构要求。

② 一些分布式电源的出力具有很强的随机性和间歇性，这对系统的运行状态产生不确定性影响。

目前，讨论DG对配电网重构影响的文献较少。文献[157]-[159]提出在重构过程中把DG的出力看成简单的负荷需求，忽视DG有功出力和无功需求随机变化的特点，以此简化 DG 引起的网络结构和能量响应的变化。文献[160]在允许有意识孤岛运行的前提下提出一种配电网故障恢复策略，分析了DG能量变化对孤岛支撑的影响，为含DG的配电网重构作了有益尝试。

1.3.6　各种方法的对比分析

配电网重构的研究得到了广泛的关注，综合上述各种方法的主要思路和计算流程，总结各种重构算法的技术特点如表 1.2 所示。从表中可见，配电网重构面临的主要问题是计算的速度和精度，一般情况下，两者很难得到很好的统一。因此，研究满足足够精度的快速配电网重构方法具有重要理论意义和工程意义。

表 1.2　各种重构算法的对比

方法	计算速度	准确性	物理意义	全局收敛
支路交换法	快	较高	清晰	否
最优流法	较快	较高	清晰	否

续表

方法		计算速度	准确性	物理意义	全局收敛
人工智能法	遗传算法	慢	高	不清晰	是
	禁忌搜索算法	慢	高	不清晰	是
	粒子群算法	慢	高	不清晰	是
	模拟退火法	慢	高	不清晰	是
	蚁群优化算法	慢	高	不清晰	是
	模拟植物生长法	慢	高	不清晰	是
	家族优生学法	慢	高	不清晰	是
支持向量机法		一般	低	清晰	否
动态规划法		慢	高	清晰	是

第2章 基于故障传递特性的配电网
可靠性快速评估

2.1 概　　述

　　配电网是电力系统的重要组成部分。与输电网相比，它公里数多、覆盖面广，对供电可靠性影响大。统计结果表明，大约 80%的用户停电事故是由配电网引发的。另一方面，组成配电网的电气元件种类和数量繁多，配电网的结构和运行方式具有明显的多样性和选择性。因此，研究适用任意结构配电网的快速、准确的供电可靠性评估方法对于识别配电网网络结构中的薄弱环节，并以此为依据提高配电网的可靠性和运行质量具有重大的意义。

　　配电网的可靠性评估方法主要分为模拟法和解析法两大类。模拟法通过随机模拟各种系统运行状态，通过数学统计的方法给出各元件和负荷点可靠性指标的概率分布。该方法可以向用户提供大量的概率信息，并能充分考虑电气元件的老化过程，克服单一地抽取元件均值故障参数等缺点。但该方法在满足一定抽样准确性时需模拟数量巨大的状态空间，计算费时。工程应用中广泛采用解析法。传统解析法是故障模式影响分析(failure-mode-effect-analysis，FMEA)法。它通过对各元件故障产生的影响分析，列出全部可能的故障影响事件表，再据此综合得出各负荷点的可靠性指标。对元件多、结构复杂的配电网，不但基本故障事件表的规模随元件数平方增长，而且电网结构的复杂性使基本故障事件表的建立深度和广度搜索量剧增，因此 FMEA 法的计算量大、速度慢。为此，在 FMEA 的基础上，人们基于算法分析提出最短路法、故障遍历法和回溯法；基于配电网结构的简化分析提出网络等值法、区域划分法和分块法等。与 FMEA 法相比，这些方法改进了配电网可靠性评估的速度，但往往以牺牲可靠性指标的准确度为代价。由此可见，当前配电网可靠性评估主要面临准确性和快速性两个方面的问题。能否在满足绝对准确的基础上提高配电网评估计算的速度是我们面对的挑战。

本章提出一种快速的配电网可靠性评估的新算法。该算法将配电网分成连接主电源至备用电源的主网络和余下的支网络。首先，通过元件可靠性指标的逆流传递求支网络各节点的逆流可靠性指标，并用接于主网络各支节点的等效元件替代相应的支网络。然后，用 FMEA 法计算主网络各节点的可靠性指标和支节点的顺流可靠性指标，通过片可靠性指标的顺流归并求支网络各节点的顺流可靠性指标。综合逆流和顺流可靠性指标即可得支网络各节点的可靠性指标。该章算法考虑了断路器和分段开关操作时间的差异，它不但具有 FMEA 法的准确度，而且计算速度大为提高。

2.2　配电网可靠性评估的新模型

2.2.1　主网络和支网络及并列片

本章以含主电源和一个备用电源的任意结构配电网进行讨论。图 2.1 是这种复杂配电网的一个典型示例。该配电网含一个备用电源和多级分支线，正常运行时备用电源与主电源无任何电气联系，即备用电源与配电网处于断开状态。配电网中的负荷点通常由一段线路、一台变压器与一段线路，或一台变压器与一段线路及一个熔断器接入电网，如负荷点 15 由一段线路接入配电网、负荷点 13 由一台变压器和一段线路接入配电网、负荷点 18 由一台变压器和一段线路及一个熔断器接入配电网。

新的网络模型称元件之间的连接点为节点，则配电网又是一个元件-节点网络。在图 2.1 中，节点 0 与 1 之间是断路器元件、1 与 2 之间是线路元件、2 与 3 之间是分段开关元件、2 与 16 之间是熔断器元件、16 与 17 之间是变压器元件。

称连接主电源至备用电源路径上的串联元件和单个并联元件构成的元件-节点网络为主网络。图 2.2 中实线部分就是图 2.1 电网的主

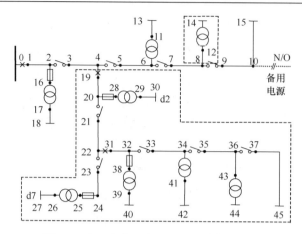

图 2.1　含 1 个备用电源的配电网典型示例

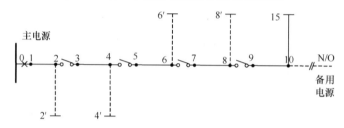

图 2.2　对应图 2.1 的主网络结构

网络。实线元件 10 与 15 是单个并联元件(线路)，其他实线元件是串联元件。

　　从一个配电网删除主网络后余下的部分中，任何一个连通网络都称为一个支网络。图 2.1 中的 2 个虚线框部分分别是一个简单和复杂的支网络。

　　称支网络与主网络的连接点为支节点。在图 2.1 中，节点 8、4 就是相应虚线框中支网络的支节点。

　　在支网络中，功率来自同一公共节点的 2 个或多个电网片互称并列片。在图 2.1 中，电网片 36-37-45 的并列片是电网片 36-43-44，它们的公共节点是 36。

　　按上述主网络和支网络的定义，含主电源和 1 个备用电源的任意结构配电网只有 1 个主网络，通常有多个支网络，且支网络中的功率具有单向性，不随备用电源的投退而变化。

2.2.2　支网络元件的通用描述

配电网的电气元件主要有线路、变压器、熔断器、分段开关、断路器和联络开关 6 种。对于配电网的任意元件，称元件的功率输入端和功率输出端为元件的首节点和末节点，并分别用 i 和 j 表示。按 2.1.1 节分析，支网络中的功率具有单向性，因此其中任一元件都可用元件末节点唯一标识。

定义 1　支网络元件的通用描述模型 e_j 为一个 7 元素组合，即

$$e_j = \{i_j, j, a_j, \lambda_j^e, r_j^e, p_j, t_j\} \tag{2.1}$$

式中，i_j 和 j 为元件 e_j 的首节点和末节点；λ_j^e 为元件的故障频率(次/年)；r_j^e 为元件的平均故障修复时间(h/次)；a_j 为元件种类编号，线路、变压器、熔断器、断路器、分段开关和联络开关依次取 $1\sim6$；p_j 为元件的不可靠开断(断路器和分段开关)、不可靠熔断(熔断器)或不可靠闭合(联络开关)的概率，对线路和变压器此项值为 Null；t_j 为分段开关的操作时间或联络开关的倒闸时间，对其他元件此项值为 Null。

熔断器，如跌落式熔断器，其典型故障有动静触头接触不良造成的触头烧毁、损坏，以及设备缺相运行等。另外，约定断路器和分段开关的拒动故障用不可靠开断的概率描述，体现在对故障的开断事件中。其误动与操作故障[19]则用故障频率描述。联络开关的处理情况与此类似。

为计算设备检修对供电可靠性的影响，上述故障率可用故障率和检修率之和替代，相应的平均修复时间用元件的平均故障修复时间和检修时间归并得到，计及检修后的故障频率 λ_j^e 和平均故障修复时间 r_j^e 分别为

$$\lambda_j^e = \overline{\lambda}_j^e + \lambda_j^m \tag{2.2}$$

$$r_j^e = (\overline{\lambda}_j^e \overline{r}_j^e + \lambda_j^m r_j^m) / (\overline{\lambda}_j^e + \lambda_j^m) \tag{2.3}$$

式中，$\overline{\lambda}_j^e$ 和 λ_j^m 分别为元件的故障频率和检修率；$\overline{r}_j^e$ 和 r_j^m 分别为元件的平均故障修复时间和平均检修时间。

配电网的主网络、支网络、并列片和支网络元件的 7 元素描述，

一起构成本章的基本模型。

2.3 支网络中元件可靠性指标的逆流传递

2.3.1 支网络中元件可靠性指标的逆流传递特性

在支网络中，下游故障对上游可靠性的影响可以通过可靠性指标的逆流传递计入。考虑图 2.3(a)中上游元件 e_j 传递其下游某元件 e_k 可靠性指标到 e_j 首节点 i_j 的情况。箭头表示功率流向，λ_{jk}^u 和 r_{jk}^u 是下游元件 e_k 的可靠性指标已逆流传递到 e_j 末节点 j 的值。

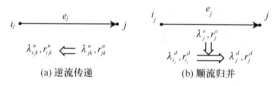

(a) 逆流传递　　　　　(b) 顺流归并

图 2.3　可靠性指标的逆流传递和顺流归并

用 $\lambda_{i_jk}^u$ 和 $r_{i_jk}^u$ 表示元件 e_j 将 e_k 的可靠性指标从节点 j 逆流传递到节点 i_j 的值。在支网络中，由于待求可靠性指标的节点 i_j 在供电电源和节点 j 之间，且 j 节点下游无电源，因此有

$$\lambda_{i_jk}^u = \begin{cases} \lambda_{jk}^u, & e_j \text{是线路或变压器或} e_k \text{故障的非首遇开关} \\ \lambda_{jk}^u p_j, & e_j \text{是熔断器或断路器} \\ \lambda_{jk}^u(1-p_j), & e_j \text{是分段开关,且是} e_k \text{故障的首遇开关} \end{cases} \quad (2.4)$$

$$r_{i_jk}^u = \begin{cases} r_{jk}^u, & e_j \text{是线路或变压器或熔断器或断路器} \\ & \text{或} e_k \text{故障的非首遇开关} \\ \min\{r_{jk}^u, \text{分段开关的操作时间}\}, & e_j \text{是分段} \\ & \text{开关且是} e_k \text{故障的首遇开关} \end{cases} \quad (2.5)$$

可见，不同的上游元件对下游可靠性指标的传递特性可能不同。

① e_j 为线路和变压器时。不改变其末节点的逆流可靠性指标，具有保真传递的特点。

② e_j 为熔断器和断路器时。瞬间截断下游故障对上游可靠性的影

响，因此它传递到首节点的逆流可靠性指标由 λ_{jk}^u 变为 $\lambda_{jk}^u p_j$，而 r_{jk}^u 不变。当它 100%可靠熔/开断时（$p_j = 0$），下游故障瞬间被完全截断，e_j 首节点的可靠性不受影响。

③ e_j 为分段开关时。如果逆流传播到其末节点的故障尚未经过断路器或其他分段开关，则它延时截断下游故障。它的操作引起首节点 i_j 的停运时间为 $\min\{r_{jk}^u,$ 分段开关的操作时间$\}$，故障频率则从 λ_{jk}^u 减小到 $\lambda_{jk}^u(1-p_j)$；否则，它保真传递可靠性指标。

2.3.2　支网络中各节点逆流可靠性指标的算法

对含主电源和 1 个备用电源的任意结构配电网，去掉主网络后可以得到 1 个或多个支网络。并行考虑所有支网络，各元件可靠性指标的逆流传递算法流程如图 2.4 所示。具体描述以下。

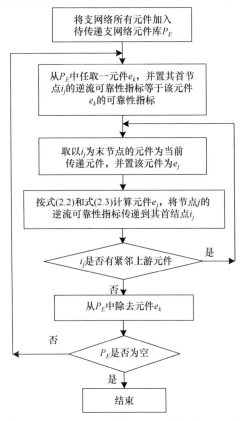

图 2.4　元件可靠性指标的逆流传递算法流程

① 将支网络所有元件加入待传递支网络元件库 P_E。

② 从元件库 P_E 中任取一个元件 e_k，置其首节点 i_k 的逆流可靠性指标等于该元件本身的可靠性指标，即 $\lambda^u_{jk} = \lambda^e_k$ 和 $r^u_{i_k k} = r^e_k$，并称 e_k 为刚处理过的元件。

③ 用 j 表示刚处理过的元件首节点，则逆流方向上的元件 e_j 是刚处理过的元件的紧邻上游元件，用 i_j 表示其首节点。

④ 按式(2.2)和式(2.3)计算元件 e_j，将节点 j 的逆流可靠性指标 λ^u_{jk} 和 r^u_{jk} 传递到节点 i_j 的值 $\lambda^u_{i_j k}$ 和 $r^u_{i_j k}$，并称 e_j 为刚处理过的元件，再转到步骤③。

⑤ 步骤②和③的过程反复进行，直到刚处理过的元件不再有紧邻上游元件，即完成元件 e_k 可靠性指标的逆流传递，再从支网络中去掉元件 e_k。

⑥ 步骤②～⑤的过程反复进行，遍历所有支网络的元件。

最后，按下式综合可得支网络各节点(包括支节点和并列片公共点) i 的逆流可靠性指标，即

$$\lambda^u_i = \sum_{k \in \Omega_i} \lambda^u_{ik} \tag{2.6}$$

$$r^u_i = \left(\sum_{k \in \Omega_i} \lambda^u_{ik} r^u_{ik} \right) / \lambda^u_i \tag{2.7}$$

式中，Ω_i 为 i 节点的所有下游元件末节点的集合。

2.4　支网络中片可靠性指标的顺流归并

2.4.1　支网络中片可靠性指标的顺流归并特性

在支网络中，节点 i 的所有上游电网(包括并列片)称为上游片 i。上游片故障对下游可靠性的影响拟通过片可靠性指标的顺流归并计入。如图 2.3(b)所示，支网络中元件 e_j 的首节点为 i_j。考虑上游片 i_j 归并 e_j 后得到的新上游片 j 在 j 节点的顺流可靠性指标情况，$\lambda^d_{i_j}$ 和 $r^d_{i_j}$ 是上游片 i_j 在节点 i_j 的顺流可靠性指标。如果 i_j 是支网络的首节点，则 $\lambda^d_{i_j}$

和 $r_{i_j}^d$ 取主网络上相应支节点的顺流可靠性指标。用 λ_j^d 和 r_j^d 表示上游片 i_j 归并元件 e_j 后得到的新上游片 j 在节点 j 的顺流可靠性指标。在支网络中，由于节点 i_j 在供电电源和待求可靠性指标的节点 j 之间，而 j 节点下游无电源，因此有

$$\lambda_j^d = \lambda_{i_j}^d + \lambda_j^e \tag{2.8}$$

$$r_j^d = (\lambda_{i_j}^d r_{i_j}^d + \lambda_j^e r_j^e) / \lambda_j^d \tag{2.9}$$

2.4.2　支网络中各节点顺流可靠性指标的算法

再一次并行考虑所有支网络，计算元件 e_j 首节点 i_j 的上游片归并 e_j 后得到的新上游片 j 在节点 j 的顺流可靠性指标，步骤如下。

① 任取一支网络的当前首端元件 e_j，其首节点记为 i_j。

② 如果 i_j 是支节点或一个上游元件与唯一一个下游元件的连节点，则按式(2.6)和式(2.7)计算可得上游片 i_j 归并元件 e_j 后得到的新上游片 j 在节点 j 的顺流可靠性指标 λ_j^d 和 λ_j^d。

③ i_j 是一个上游元件与 2 个或多个下游元件的连接节点，即以 e_j 为首的电网片有并列片。此时，新上游片 j 在节点 j 的顺流可靠性指标 λ_j^d 和 r_j^d 为

$$\lambda_j^d = \lambda_j^e + \lambda_{i_j}^d + \left(\lambda_{i_j}^u - \lambda_j^e - \sum_{k \in \Omega_j} \lambda_{i_j,k}^u\right) = \lambda_{i_j}^d + \lambda_{i_j}^u - \sum_{k \in \Omega_j} \lambda_{i_j,k}^u \tag{2.10}$$

$$r_j^d = \left(\lambda_{i_j}^d r_{i_j}^d + \lambda_{i_j}^u r_{i_j}^u - \sum_{k \in \Omega_j} \lambda_{i_j,k}^u r_{i_j,k}^u\right) / \lambda_j^d \tag{2.11}$$

式中，$\left(\lambda_{i_j}^u - \lambda_j^e - \sum_{k \in \Omega_j} \lambda_{i_j,k}^u\right)$ 为 e_j 为首电网片的所有并列片在 i_j 节点的逆流可靠性指标。

式(2.10)在式(2.8)的基础上考虑了并列片的影响。式(2.11)的情况也是如此。

④ 得到元件 e_j 末节点 j 的顺流可靠性指标 λ_j^d 和 r_j^d 后，从支网络中去掉元件 e_j。

重复上述步骤，遍历所有支网络元件，即完成支网络中片可靠性指标的顺流归并。

2.5 配电网节点可靠性指标的新算法

2.5.1 新算法的框图

配电网可靠性快速评估新算法的程序如图 2.5 所示。

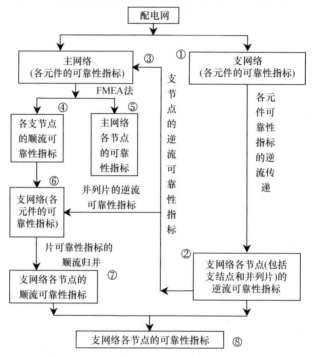

图 2.5 配电网可靠性快速评估新算法的程序

框①~②，通过各元件可靠性指标的逆流传递求支网络各节点(含支节点和并列片)的逆流可靠性指标，实现下游故障对上游可靠性影响的计入，方法详见 2.2.2 节。

框③~⑤，用 FMEA 法求主网络各节点的可靠性指标和各支节点的顺流可靠性指标，方法详见 2.4.2 节。

框⑥~⑦，通过片可靠性指标的顺流归并求支网络各节点的顺流可靠性指标，实现上游故障对下游可靠性影响的计入，方法详见 2.3.2 节。

框⑧，综合逆流和顺流可靠性指标得支网络各节点的可靠性指标，方法详见 2.4.3 节。

2.5.2　主网络各节点的可靠性指标

1. 主网络各节点的可靠性指标

主网络是含主电源和备用电源的简化网络。其中各支网络对主网络的影响用接于支节点的一个等效元件替代，其可靠性指标等于相应支网络在支节点的逆流可靠性指标。在图 2.2 中，虚线元件 4-4′就是图 2.1 下部以元件 4-19 为首的支网络等效元件。

主网络中任一节点 i 的可靠性指标，故障停运频率 λ_i^s (次/年)、平均年停运时间 u_i^s (h/年)和平均停运持续时间 r_i^s (h/次)，按 FMEA 法计算为

$$\lambda_i^s = \sum_{k \in \Omega_s} \lambda_k^e + \sum_{h \in \Omega_p} \lambda_h^e \tag{2.12}$$

$$u_i^s = \sum_{k \in \Omega_s} \lambda_k^e r_k^e + \sum_{h \in \Omega_p} \lambda_h^e r_h^e \tag{2.13}$$

$$r_i^s = u_i^s / \lambda_i^s \tag{2.14}$$

式中，$i \in \Omega_s \bigcup \Omega_p$；$\Omega_s = \{1,2,3,4,5,6,7,8,9,10\}$ 为图 2.2 中串联元件远离主电源一端的节点集合；$\Omega_p = \{2',4',6',8',15\}$ 为图中并联元件末端节点集合。

式(2.12)～式(2.14)忽略了二重及以上故障的影响，因为这种故障发生的概率小，影响也小。

λ_k^e (λ_h^e)为元件 $k(h)$ 的故障频率；r_k^e (r_h^e)为元件 $k(h)$ 故障导致 i 节点的停运时间，其取值依赖于系统的结构，具体算法如下。

① 元件 $k(h)$ 在主电源和节点 i 之间。若元件 $k(h)$ 与节点 i 间无分段开关，则 r_k^e (r_h^e)为元件 $k(h)$ 的故障修复时间；若有分段开，关且节点 i 的外侧馈线上有联络开关(接备用电源)，则 r_k^e (r_h^e)取 max{分段开关操作时间，联络开关倒闸时间}；若有分段开关，但节点 i 的外侧馈线上无联络开关，则 r_k^e (r_h^e)仍为元件 $k(h)$ 的故障修复时间。

② 节点 i 在主电源和元件 $k(h)$ 之间。若元件 $k(h)$ 与节点 i 间无分段开关，则 r_k^e (r_h^e)为元件 $k(h)$ 的故障修复时间；若有分段开关，则 r_k^e (r_h^e)取分段开关操作时间。

2. 支节点的顺流可靠性指标

以支节点为首的任一支网络元件 e_j，其支节点可唯一表示为 i_j。从图 2.2 中去掉替代该支网络的等效元件，按式(2.12)～式(2.14)可得该支网络的支节点 i_j 的顺流可靠性指标 $\lambda_{i_j}^d$ 和 $r_{i_j}^d$，即

$$\lambda_{i_j}^d = \lambda_{i_j}^s - \lambda_j^e - \sum_{k \in \Omega_j} \lambda_{i_j,k}^u \tag{2.15}$$

$$r_{i_j}^d = (\lambda_{i_j}^s r_{i_j}^s - \lambda_j^e r_j^e - \sum_{k \in \Omega_j} \lambda_{i_j,k}^u r_{i_j,k}^u) / \lambda_{i_j}^d \tag{2.16}$$

式中，Ω_j 为支网络中 j 节点下游元件末节点的集合。

2.5.3　支网络各节点的可靠性指标

综合逆流与顺流可靠性指标，可得支网络各节点 i 的可靠性指标-故障停运频率 λ_i^s (次/年)、平均年停运时间 u_i^s (h/年)和平均停运持续时间 r_i^s (h/次)，即

$$\lambda_i^s = \lambda_i^u + \lambda_i^d \tag{2.17}$$

$$u_i^s = \lambda_i^u r_i^u + \lambda_i^d r_i^d \tag{2.18}$$

$$r_i^s = u_i^s / \lambda_i^s \tag{2.19}$$

2.6　有效性分析

2.6.1　准确度和适用性

本章方法通过可靠性指标的逆流传递计入支网络中各下游元件故障对上游和主网络可靠性的影响，通过片可靠性指标的顺流归并计入支网络上游(含并列片)和主网络元件故障对支网络下游可靠性的影响，对支网络可靠性进行评估，这等同 FMEA 法。对主网络可靠性计算，本章直接采用 FMEA 法。因此，本章方法得到的配电网可靠性指标与 FMEA 法的无异，具有与 FMEA 法相同的可靠性指标准确度。

本章方法是针对含主电源和 1 个备用电源的配电网提出的。可见，无备用电源时，整个网络就是1个支网络(无主网络)，对此本章方

法直接适用；当配电网含主电源和 2 个及以上备用电源时，通过对主电源与各备用电源进行组合，先求解各组合下节点的可靠性指标，再对每个节点取所有组合下停运时间最短组合的可靠性指标值，这就是含 2 个及以上备用电源的配电网节点可靠性指标。本章方法经上述简单扩展后也适用于含主电源和多个备用电源的配电网。

2.6.2　计算量

对主网络可靠性指标的计算，直接采用 FMEA 法(2.5.2 节)，因此，对主网络可靠性指标的计算量，本章方法和 FMEA 法的一样，不必进行比较。对支网络可靠性指标的计算，本章方法不同于 FMEA 法，为便于计算量的比较，约定计算 1 个节点的 3 个指标 λ_i^s、u_i^s 和 r_i^s 的计算量为 1。不计建立搜索链表的计算量(实际上，本章方法建立搜索链表的计算量小于 FMEA 法)，对支网络可靠性指标的计算量包含在逆流可靠性指标的计算(2.3.2 节)、顺流可靠性指标的计算(2.4.2 节)和两者的合并(2.5.3 节)这 3 个环节中。n 个元件的支网络求可靠性指标的计算量为 $0.25n(n-1)+(n-1)+(n-1)=0.25(n+8)(n-1)$，只有 FMEA 法的 $(n+8)/4n$ $(n>2)$。当支网络的节点数大于 50 时，本章方法的计算量不到 FMEA 法的 29%，且节点数越多该比例越小。文献[41]表明，网络等值法的计算量不到 FMEA 法的 63%，是本章方法计算量的 2 倍左右。可见，本章方法比 FMEA 法及网络等值法快得多。

2.7　算　例　分　析

给出 RBTS 6 号母线系统实例，如图 2.6 所示。它包括 82 段线路、40 个负荷点、40 个熔断器、38 台配电变压器、9 个断路器和 17 个分段开关，各元件可靠性参数如表 2.1 所示，网络参数如附录 A 所示。

表 2.1　各元件的可靠性参数

元件类型	故障率/(次/年)	修复时间/h	操作时间/h
线路	0.065	5	5
变压器	0.015	10	0
熔断器	0	0	0

元件类型	故障率/(次/年)	修复时间/h	操作时间/h
断路器	0	0	0
分段开关	0	0	1
联络开关	0	0	1

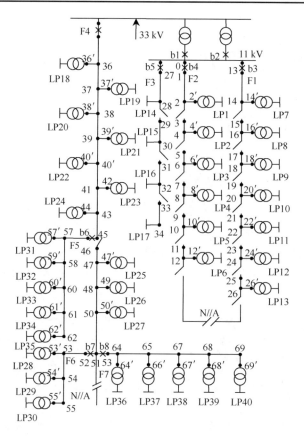

图 2.6　RBTS 母线 6 的配电系统接线图

2.7.1　实例计算

分三种情形讨论利用本章方法的计算过程和结果。

① 情形 1。断路器 b6-b8 可靠动作的概率为 80%，熔断器可靠动作的概率为 100%，且馈线 F4 无备用电源。

② 情形 2。断路器 b6-b8 可靠动作的概率为 100%，熔断器可靠动

作的概率为 100%，且馈线 F4 无备用电源。

③ 断路器 b6-b8 可靠动作的概率为 80%，熔断器可靠动作的概率为 100%，且馈线 F6 和 F7 之间有备用电源。

在情形 1 和情形 2 两种无备用电源的条件下，馈线 F1-F4 均为支网络。情形 3 中既有主网络，也有支网络。选取情形 1 和情形 3 两种不同网络结构说明本章可靠性评估计算的具体步骤。

1. 情形 1

表 2.2 给出了用本章算法得到的支网络各节点的逆流可靠性指标。可以看出，在馈线 F5、F6 和 F7 中的各元件对故障进行逆流传递时均具有保真传递可靠性指标的特性，这是因为在这三条馈线中都没有隔离故障的有效元件，下游元件的故障影响完全放映到上游元件中来，上游节点的逆流故障频率为所有元件故障频率的总和，同时由于该馈线变压器的故障能被熔断器 100%隔离，上游节点的故障时间就等于线路的修复时间 5h/次。

对于支网络中的 46-51 号节点，虽然该段馈线与馈线 F6、F7 之间有断路器实现隔离，但是由断路器对下游可靠性指标的传递特性可知，它不能实现对下游元件故障影响的完全隔离，因此平均故障修复时间和下游各节点的值是相等的。

对于支网络中馈线 F4 的各节点(包括 36-45 号节点)，虽然该段馈线与馈线 F6、F7 之间有断路器实现隔离，但是由断路器对下游可靠性指标的传递特性可知，它不能实现对下游元件故障影响的完全隔离。馈线 F5 中元件的逆流影响被部分隔离，馈线 F6、F7、F8 与其相连时，由于有分段开关的作用也只能被部分隔离，总和上述两个部分，它的逆流平均故障修复时间要小于 5h/次。

表 2.2 支网络各节点的逆流可靠性指标

节点号	λ^u	r^u	u^u	节点号	λ^u	r^u	u^u
36	3.4619	2.8806	9.9723	46	1.8343	5.0000	9.1715
37	3.2799	2.7630	9.0624	47	1.6263	5.0000	8.1315
38	3.1174	2.6464	8.2499	48	1.4443	5.0000	7.2215
39	3.0134	2.5651	7.7297	50	1.2168	5.0000	6.0840

节点号	λ^u	r^u	u^u	节点号	λ^u	r^u	u^u
40	2.9549	2.5169	7.4372	51	1.1128	5.0000	5.5640
41	2.8509	2.4264	6.9174	53	0.8385	5.0000	4.1925
43	2.6884	2.2708	6.1048	64	0.6565	5.0000	3.2825
45	2.5844	2.1610	5.5849	65	0.4940	5.0000	2.4700
46	0.8645	5.0000	4.3225	67	0.3900	5.0000	1.9500
57	0.6565	5.0000	3.2825	68	0.1820	5.0000	0.9100
58	0.5525	5.0000	2.7625	52	0.5525	5.0000	2.7625
60	0.3705	5.0000	1.8525	53	0.3705	5.0000	1.8525
61	0.2080	5.0000	1.0400	54	0.1625	5.0000	0.8125

表 2.3 给出了用本章算法得到的支网络各节点的顺流可靠性指标。从表中数据可见，馈线 F4 中所有下游节点的顺流故障停运频率均为其上游元件故障停运频率的总和，馈线 F5 中下游节点的顺流故障停运频率除考虑馈线 F4 中的元件的故障停运频率，还考虑了其并列片首节点的逆流故障停运频率指标，同样馈线 F6、F7 和 F8 的顺流故障停运频率也考虑了其并列片馈线首节点的逆流故障停运频率指标。从表中的顺流平均年停运时间可见，馈线 F5 中各节点的顺流平均年停运时间不同，但均小于 5h/次，这是因为分段开关 45-46 能部分减少馈线 F6、F7 和 F8 故障时产生的停电时间影响，但馈线 F5 外所有节点的顺流平均年停运时间均为 5h/次。

表 2.3　支网络各节点的顺流可靠性指标

节点号	λ^d	r^d	u^d	节点号	λ^d	r^d	u^d
36	0.0000	5.0000	0.0000	46	1.6276	5.0000	8.1380
37	0.1820	5.0000	0.9100	47	1.8356	5.0000	9.1780
38	0.3445	5.0000	1.7225	48	2.0176	5.0000	10.0880
39	0.4485	5.0000	2.2425	50	2.2451	5.0000	11.2255
40	0.5070	5.0000	2.5350	51	2.3491	5.0000	11.7455
41	0.6110	5.0000	3.0550	53	2.7911	5.0000	13.9555
43	0.7735	5.0000	3.8675	64	2.9731	5.0000	14.8655
45	0.8775	5.0000	4.3875	65	3.1356	5.0000	15.6780

续表

节点号	λ^d	r^d	u^d	节点号	λ^d	r^d	u^d
46	2.7703	2.3515	6.5144	67	3.2396	5.0000	16.1980
57	2.9783	2.5364	7.5542	68	3.4476	5.0000	17.2380
58	3.0823	2.6196	8.0744	52	3.0199	5.0000	15.0995
60	3.2643	2.7523	8.9843	53	3.2019	5.0000	16.0095
61	3.4268	2.8589	9.7969	54	3.4099	5.0000	17.0495

综合逆流与顺流可靠性指标，即得支网络各节点的可靠性指标，表 2.4 为利用本章算法得到的支网络部分节点的可靠性指标。

表 2.4　支网络各节点的可靠性指标

节点号	λ^s	r^s	u^s	节点号	λ^s	r^s	u^s
36	3.4619	2.8806	9.9723	47	3.4619	5.0000	17.3095
37	3.4619	2.8806	9.9723	48	3.4619	5.0000	17.3095
38	3.4619	2.8806	9.9723	50	3.4619	5.0000	17.3095
39	3.4619	2.8806	9.9723	64	3.6296	5.0000	18.1480
40	3.4619	2.8806	9.9723	65	3.6296	5.0000	18.1480
41	3.4619	2.8806	9.9723	67	3.6296	5.0000	18.1480
43	3.4619	2.8806	9.9723	68	3.6296	5.0000	18.1480
57	3.4619	2.8806	9.9723	69	3.6296	5.0000	18.1480
58	3.4619	2.8806	9.9723	53	3.5724	5.0000	17.8620
60	3.4619	2.8806	9.9723	54	3.5724	5.0000	17.8620
61	3.4619	2.8806	9.9723	55	3.5724	5.0000	17.8620
62	3.4619	2.8806	9.9723				

考虑变压器和熔断器的故障影响，表 2.5 给出了用本章算法得到的各负荷点的可靠性指标。

表 2.5　各负荷点可靠性指标

负荷点	λ^s	r^s	u^s	负荷点	λ^s	r^s	u^s
LP1	0.3303	2.4714	0.8163	LP21	3.4769	2.9113	10.1223
LP2	0.3433	2.4534	0.8426	LP22	3.4769	2.9113	10.1223
LP3	0.3400	2.5441	0.8650	LP23	3.4769	2.9113	10.1223
LP4	0.3303	2.4714	0.8163	LP24	3.4769	2.9113	10.1223
LP5	0.3400	2.4294	0.8260	LP25	3.4769	5.0216	17.4595
LP6	0.3303	2.3630	0.7805	LP26	3.4769	5.0216	17.4595

续表

负荷点	λ^s	r^s	u^s	负荷点	λ^s	r^s	u^s
LP7	0.3693	2.3157	0.8552	LP27	3.4769	5.0216	17.4595
LP8	0.3725	2.4443	0.9105	LP28	3.5874	5.0209	18.0120
LP9	0.3725	2.3396	0.8715	LP29	3.5874	5.0209	18.0120
LP10	0.3595	2.2434	0.8065	LP30	3.5874	5.0209	18.0120
LP11	0.3693	2.4568	0.9073	LP31	3.6498	3.0103	10.9869
LP12	0.3595	2.3519	0.8455	LP32	3.6498	3.0103	10.9869
LP13	0.3693	2.3160	0.8553	LP33	3.6498	3.0103	10.9869
LP14	0.2275	2.5429	0.5785	LP34	3.6498	3.0103	10.9869
LP15	0.2372	3.5211	0.8352	LP35	3.6498	3.0103	10.9869
LP16	0.2405	4.1214	0.9912	LP36	3.6446	5.0206	18.2980
LP17	0.2275	5.2145	1.1863	LP37	3.6446	5.0206	18.2980
LP18	3.4769	2.9113	10.1223	LP38	3.6446	5.0206	18.2980
LP19	3.4769	2.9113	10.1223	LP39	3.6446	5.0206	18.2980
LP20	3.4769	2.9113	10.1223	LP40	3.6446	5.0206	18.2980

2. 情形 2

该情形下有三个支网络，分别由馈线 F5、F6 和 F7 构成，其他部分为主网络部分。表 2.6 给出了用本章算法得到的支网络各节点的逆流可靠性指标。可以看出，在支网络所属馈线 F5、F6 和 F7 中，各元件对故障进行逆流传递时均具有保真传递可靠性指标的特性，这是因为在这三条馈线中都没有隔离故障的有效元件，下游元件的故障影响完全反映到上游元件中，上游节点的逆流故障频率为所有元件故障频率的总和，同时由于该馈线变压器的故障能被熔断器100%隔离，上游节点的故障时间就等于线路的修复时间 5h/次。

表 2.6 支网络各节点的逆流可靠性指标

节点号	λ^u	r^u	u^u	节点号	λ^u	r^u	u^u
46	0.8645	5.0000	4.3225	65	0.4940	5.0000	2.4700
57	0.6565	5.0000	3.2825	67	0.3900	5.0000	1.9500
58	0.5525	5.0000	2.7625	68	0.1820	5.0000	0.9100
60	0.3705	5.0000	1.8525	52	0.5525	5.0000	2.7625
61	0.2080	5.0000	1.0400	53	0.3705	5.0000	1.8525
53	0.8385	5.0000	4.1925	54	0.1625	5.0000	0.8125
64	0.6565	5.0000	3.2825				

结合逆流传递得到的逆流可靠性参数直接利用 FMEA 法可以得到主网络各节点的可靠性指标，表 2.7 给出了用本章算法得到的主网络各节点的可靠性指标。

表 2.7　主网络各节点的可靠性指标

节点号	λ^s	r^s	u^s	节点号	λ^s	r^s	u^s
36	3.4619	2.8806	9.9723	17	3.4619	2.8806	9.9723
37	3.4619	2.8806	9.9723	46	3.4619	3.1194	10.7991
38	3.4619	2.8806	9.9723	47	3.4619	3.1194	10.7991
39	3.4619	2.8806	9.9723	48	3.4619	3.1194	10.7991
40	3.4619	2.8806	9.9723	50	3.4619	3.1194	10.7991
41	3.4619	2.8806	9.9723	51	3.4619	3.1194	10.7991
43	3.4619	2.8806	9.9723				

表 2.8 给出了用本章算法得到的支网络各节点的顺流可靠性指标。从表中数据可见，馈线 F5 中所有下游节点(节点 46、57、58、60、61)的顺流故障停运频率均为其上游元件故障停运频率的总和，各节点的顺流平均年停运时间均为 5。同是支网络的馈线 F7 和 F8 的顺流平均年停运时间却都小于 5，这是因为在主网络 36-45 所属的任意元件故障时，馈线 F7 和 F8 都能通过切换 45-46 实现负荷的转供，提高了该区域的可靠性。

表 2.8　支网络各节点的顺流可靠性指标

节点号	λ^d	r^d	u^d	节点号	λ^d	r^d	u^d
46	2.7703	5.0000	13.8515	65	3.1356	2.9237	9.1676
57	2.9783	5.0000	14.8915	67	3.2396	2.9904	9.6877
58	3.0823	5.0000	15.4115	68	3.4476	3.3114	11.4164
60	3.2643	5.0000	16.3215	52	3.0199	2.8442	8.5892
61	3.4268	5.0000	17.1340	53	3.2019	2.9667	9.4991
53	2.7911	2.6674	7.4450	54	3.4099	3.2915	11.2237
64	2.9731	2.8102	8.3550				

综合支网络逆流与顺流可靠性指标，可得支网络各节点的可靠性指标。表 2.9 给出了用本章算法得到的支网络部分节点的可靠性指标。

表 2.9　支网络各节点的可靠性指标

节点号	λ^s	r^s	u^s	节点号	λ^s	r^s	u^s
46	3.6348	2.9814	10.8369	65	3.6296	3.2063	11.6376
57	3.6348	2.9814	10.8369	67	3.6296	3.2063	11.6376
58	3.6348	2.9814	10.8369	68	3.6296	3.2063	11.6376
60	3.6348	2.9814	10.8369	52	3.5724	3.1776	11.3516
61	3.6348	2.9814	10.8369	53	3.5724	3.1776	11.3516
53	3.6296	3.2063	11.6376	54	3.5724	3.1776	11.3516
64	3.6296	3.2063	11.6376				

　　考虑变压器和熔断器的故障影响，表 2.10 给出了用本章算法得到的各负荷点的可靠性指标。

表 2.10　各负荷点可靠性指标

负荷点	λ^s	r^s	u^s	负荷点	λ^s	r^s	u^s
LP1	0.3303	2.4714	0.8163	LP21	3.4769	2.9113	10.1223
LP2	0.3433	2.4534	0.8426	LP22	3.4769	2.9113	10.1223
LP3	0.3400	2.5441	0.8650	LP23	3.5159	2.9345	10.3173
LP4	0.3303	2.4714	0.8163	LP24	3.5257	2.9402	10.3661
LP5	0.3400	2.4294	0.8260	LP25	3.4769	3.1491	10.9491
LP6	0.3303	2.3630	0.7805	LP26	3.5159	3.1696	11.1441
LP7	0.3693	2.3157	0.8552	LP27	3.4769	3.1491	10.9491
LP8	0.3725	2.4443	0.9105	LP28	3.5874	3.2061	11.5016
LP9	0.3725	2.3396	0.8715	LP29	3.5874	3.2061	11.5016
LP10	0.3595	2.2434	0.8065	LP30	3.5874	3.2061	11.5016
LP11	0.3693	2.4568	0.9073	LP31	3.6498	3.0103	10.9869
LP12	0.3595	2.3519	0.8455	LP32	3.7018	3.0382	11.2469
LP13	0.3693	2.3160	0.8553	LP33	3.6498	3.0103	10.9869
LP14	0.2275	2.5429	0.5785	LP34	3.6498	3.0103	10.9869
LP15	0.2372	3.5211	0.8352	LP35	3.6498	3.0103	10.9869
LP16	0.2405	4.1214	0.9912	LP36	3.6446	3.2343	11.7876
LP17	0.2275	5.2145	1.1863	LP37	3.6936	3.2574	12.0314
LP18	3.4769	2.9113	10.1223	LP38	3.6446	3.2343	11.7876
LP19	3.4769	2.9113	10.1223	LP39	3.6446	3.2343	11.7876
LP20	3.4769	2.9113	10.1223	LP40	3.6446	3.2343	11.7876

2.7.2　准确性对比分析

表 2.11 给出了用本章算法得到的可靠性指标，同时还给出了 FMEA 法和网络等值法[41]的结果对比。

比较表 2.11 的第 2 列与第 8 列，本章方法得到的 λ_i^s 指标与 FMEA 法的相同。进一步比较，这两种方法的另两个指标 u_i^s 和 r_i^s 也一样。这验证了 2.4.1 节中的结论，本章方法具有与 FMEA 法一样的准确度。

比较表 2.11 的第 2 列与第 5 列，本章方法得到的 λ_i^s 指标与网络等值法的可能相同(如 LP1)、可能不同(如 LP30)。进一步比较可以发现，这两种方法的另两个指标 u_i^s 和 r_i^s 也是这种情形。这是因为网络等值法会引起并列片中元件故障被重复考虑，而本章方法却不会。可见，本章方法的准确度比网络等值法高。

表 2.11　不同算法的负荷点可靠性指标

负荷点	本章方法			网络等值法			FMEA 法		
	λ^s	r^s	u^s	λ^s	r^s	u^s	λ^s	r^s	u^s
LP1	0.3303	2.4716	0.8163	0.3303	2.4716	0.8163	0.3303	2.4716	0.8163
LP10	0.3595	2.2434	0.8065	0.3595	2.2434	0.8065	0.3595	2.2434	0.8065
LP20	3.4769	2.9113	10.1223	3.4769	4.1915	14.5735	3.4769	2.9113	10.1223
LP30	3.5874	5.0209	18.0120	3.3586	5.0223	16.8680	3.5874	5.0209	18.0120
LP35	3.6498	3.0103	10.9869	3.6498	4.2298	15.4380	3.6498	3.0103	10.9869
LP40	3.6446	5.0206	18.2980	3.8734	5.0194	19.4420	3.6446	5.0206	18.2980

表 2.12 为 RBTS 6 号母线系统的系统可靠性指标。比较第 2 列和第 8 列，本章方法得到的情形 1 下系统可靠性指标与 FMEA 法的完全相同。情形 2 和 3 也是如此，这从系统角度进一步验证了本章方法具有和 FMEA 一样的准确度。比较表 2.12 中 FMEA 法与网络等值法的结果，两者结果几乎都不同。这是因为系统可靠性指标是基于节点可靠性指标进行计算，而网络等值法得不到像 FMEA 法那样准确的节点可靠性指标。

表 2.12　RBTS 6 号母线系统的系统可靠性指标

系统可靠性指标	本章方法			网络等值法			FMEA 法		
	情形 1	情形 2	情形 3	情形 1	情形 2	情形 3	情形 1	情形 2	情形 3
系统平均停电频率指标/(次/(户·年))	1.6238	0.9940	1.6238	1.6365	1.0065	1.6365	1.6238	0.9940	1.6238
系统平均停电持续时间指标/(h/(户·年))	5.8577	3.7888	4.8162	6.9695	3.8197	4.8478	5.8577	3.7888	4.8162
用户平均停电持续时间指标/(h/(户·年))	3.6074	3.8117	2.9660	4.2588	3.7949	2.9623	3.6074	3.8117	2.9660
平均供电可用率指标	0.9993	0.99996	0.9995	0.9992	0.99996	0.99995	0.99993	0.9996	0.9995
系统供电用量不足指标/(MW·h/年)	72.8085	49.1895	58.1171	83.9738	48.3691	57.8923	72.8085	49.1895	58.1171

2.7.3　计算效率对比分析

图 2.6 中 F4～F7 是含有 3 个支网络(F5～F7)、23 个负荷点和多个并列片的典型配电网。为比较不同算法的计算速度，表 2.13 给出了本章方法、FMEA 法和网络等值法计算该典型配电网的可靠性指标的计算量。

可见，本章方法的计算量为 1099 次，只有 FMEA 法 6480 次的 16.96%，是网络等值法 2034 次的 54.03%，在几种方法中最小，计算速度最快。

表 2.13　不同可靠性评估方法的计算量

方法	本章方法	网络等值法	FMEA 法
计算量/次	1099	2034	6480

2.8　小　结

结合配电网在结构上的特点，特别是支网络中无源的特点，提出一种基于故障传递特性的配电网可靠性快速评估方法。该算法的主要特点和本章的主要工作小结以下。

① 基于可靠性指标逆流传递和顺流归并的思想计算配电网节点

可靠性指标的方法是可行的。这种方法不但具有和 FMEA 法一样的可靠性指标准确度，而且计算量锐减，配电网的可靠性评估算法速度可以得到大幅提高。

②　本章方法计及开关元件本身的故障对可靠性评估的影响，弥补了已有方法的不足。

③　本章方法虽然是基于含主电源和 1 个备用电源的配电网提出的，但它不仅直接适用于不含备用电源的配电网，而且经过主电源和备用电源的简单组合及计算，还适用于含主电源和多个备用电源的配电网。

第3章 考虑风电随机性的配电网可靠性快速评估

3.1 概　述

近年来，分布式电源(distributed generation，DG)，特别是风力发电在我国得到迅速发展。这些新型电源为缓解当前电力紧张，改善我国的能源结构作出了巨大的经济贡献，产生了良好的社会效益。与此同时，这些新型电源的并网也给传统电网带来新的问题和挑战。

含风电的配电网与含备用电源的配电网在结构和运行方式上差异很大。在含备用电源的配电网中，主电源和备用电源虽在结构上相连(环网结构)，但总是开环运行(正常时备用电源不供电)；而在含风电的配电网中，主电源和风电不但在结构上相连，而且往往环网运行，即负荷由主电源和风电同时供电。当系统侧电源故障时，配电网中的风电受机组容量和风能分布的影响，不能像备用电源那样在容量上能满足所有区域的电力需求，往往只能满足部分区域的电力供应，而且这种供电区域的大小具有很强的随机性。另外，风电功率直接受风能分布随机性的影响，这使线路潮流与含备用电源的配电网中的情况不同，不但方向变化频繁，而且大小也变化频繁。含风电的配电网的这些特性，使已有的配电网可靠性评估方法难以适用。

传统的故障模式影响分析(failure mode effect analysis，FMEA)法、故障遍历法和蒙特卡罗仿真法由于配电网元件数目众多而导致计算量大、速度慢、计算时间长。回溯法和最短路法难以充分考虑风电接入后系统潮流和网络结构的变化，因此很难得到回溯和最短路径。基于配电网结构分析的网络等效法、区域划分法和分块法无法计及出力大小随机变化的风电电源对配电网供电区域的影响。文献[59]，[60]对风电出力采用恒功率模型描述，并分别运用传统 FMEA 法和网络等效法计算可靠性指标。因此，如何计及风电出力的随机性、并寻求含风电的配电网(相当于双/多电源环网)可靠性评估的快速算法是新型配电网研究的重要课题。

本章提出一种考虑风电能量随机性的配电网可靠性评估新网络模型和快速算法。新网络模型中配电网简化成开关-区域块网络，并分成主网络和支网络两个部分。通过对风电功率的概率特性和支网络故障特性的分析，构造风电的供电能力范围，确定风电对供电能力范围内的供电次序和供电概率，可以实现风电随机出力与其供电能力范围内供电可靠性的映射。新的可靠性评估算法区别对待主网络和支网络，利用故障模式影响分析法计算主网络的可靠性指标，利用元件对可靠性指标的逆流和顺流传递特性计算支网络的可靠性指标，并在可靠性指标的顺流传递中考虑风电对其供电能力范围的可靠性的定量影响。算例仿真验证了本章方法的快速性和有效性。

3.2　配电网可靠性评估的网络模型

3.2.1　开关-区域块网络

风电接入系统的模式按其规模可分为两种：一种是直接与输电网连接的大型风电系统接入模式；另一种是分布在配电网中的单台风力发电机或多台小型风力机系统接入模式。本章主要研究后一种情况。

图 3.1 是含一个备用电源和两个风电系统的典型配电网，分别在节点 32 和 33 接入风电系统，节点 0 为主电源点，节点 9 为备用电源接入点。本章将讨论这种含有一个备用电源和两个或多个风电的配电网。

网络中任一无开关隔离且相互连通的元件集合，称为区域块。区域块内与开关元件相连的节点，称为该区域块的外节点。

由于区域块内无开关元件，故障扩散范围和恢复供电范围又以开关装置为边界，因此区域块在可靠性方面具有以下特性：任意故障对区域块内的所有节点和元件产生同质影响，同一区域块内任意节点具有相同的可靠性指标，区域块等同于元件，具有元件的所有性质。因此，一个区域块 S_i 就等同于一个元件，其可靠性参数由该区域块内所

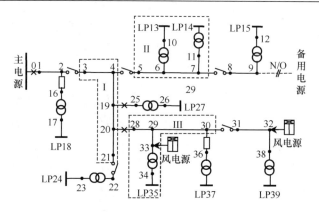

图 3.1 含一个备用电源和两个风电系统的典型配电网

有元件的参数归并得到，即

$$\lambda_{e,S_i} = \sum_{j \in S_i} \lambda_{e,j} \tag{3.1}$$

$$r_{e,S_i} = (\sum_{j \in S_i} u_{e,j}) / \lambda_{e,S_i} = (\sum_{j \in S_i} \lambda_{e,j} r_{e,j}) / \lambda_{e,S_i} \tag{3.2}$$

式中，下标 e 表示元件自身参数；$\lambda_{e,j}$ (λ_{e,S_i})、$r_{e,j}$ (r_{e,S_i} r_{e,S_i}) 和 $u_{e,j}$ 分别为元件 e_j (区域块 S_i) 的故障频率、平均故障修复时间和平均年故障修复时间。

按上述分析，任意配电网可以简化成一个开关-区域块网络。图 3.2 为对应于图 3.1 的开关-区域块网络。图 3.2 中的区域块 S_2、S_3 和 S_8 分别对应于图 3.1 中的虚线框 I 、II 和 III 。

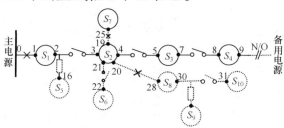

图 3.2 对应图 3.1 的开关-区域块网络

在开关-区域块网络中，含有多个(两个及以上)下游外节点的区域块称为多支区域块；连接多个开关元件的外节点称为多支节点；与多支区域块(多支节点)相连的下游网络称为该多支区域块(多支节点)的并列网络。

在图 3.2 中，区域块 S_2 为多支区域块，节点 4、19-21 所接的下游网络为该区域块的并列网络。节点 30 为多支节点，节点 31 和 36 所接的下游网络为该多支节点的并列网络。

3.2.2　主网络和支网络模型

与第 2 章类似，称连接主电源至备用电源的串联元件构成的连通网络为主网络。从一个配电网删除主网络后，余下的任何一个连通网络都称为一个支网络。支网络中连于主网络的开关元件为分支开关。

在图 3.2 中，由区域块 S_1-S_4 和开关元件 2-3、4-5、7-8 连通的实线图为该配电网的主网络。区域块 S_8-S_{10} 和开关元件 30-31、30-36 构成的连通的虚线图为该配电网的一个支网络。开关元件 20-28 为该支网络的分支开关。

按上述分析，当风电停运时，支网络中的功率具有单向性。本章约定所有逆流和顺流方向都是在风电停运时依据潮流方向确定。

3.3　风电功率的概率模型及供电能力范围

3.3.1　风电功率的概率模型

风电的输出功率随风能而具有随机性和间歇性。按统计学理论，风电功率可以运用确定出力下的概率来描述。根据风速的统计规律来描述一个地区风速分布规律的函数有多种。本章基于 Weibull 分布进行分析，其原理同样适用于其他风速分布规律。

Weibull 分布的分布函数为

$$F(v) = 1 - \exp[-(v/c)^k] \tag{3.3}$$

式中，c 和 k 分别为尺度参数和形状参数，可以应用极大似然法[161]根据实测的风速数据求解。

风电输出功率 P_w 与风速 v 之间的函数关系可近似描述为

$$P_w = \begin{cases} 0, & v < v_{ci} \text{ 或 } v \geqslant v_{co} \\ k_1 v + k_2, & v_{ci} \leqslant v < v_r \\ P_r, & v_r \leqslant v < v_{co} \end{cases} \tag{3.4}$$

式中，$k_1 = P_r / (v_r - v_{ci})$；$k_2 = -k_1 v_{ci}$；$P_r$ 为风电的额定容量；v_{ci}、v_r 和 v_{co} 分别为切入风速、额定风速和切出风速。

综合式(3.3)和式(3.4)可以得到风电输出功率 P_w 的概率密度函数，即

$$f(P_w) = \begin{cases} (1 - [F(v_{co}) - F(v_{ci})]) + q_w, & P_w = 0 \\ \dfrac{k}{k_1 c}\left(\dfrac{P_w - k_2}{k_1 c}\right)^{k-1} \exp\left[-\left(\dfrac{P_w - k_2}{k_1 c}\right)^k\right], & 0 < P_w < P_r \\ F(v_{co}) - F(v_r), & P_w = P_r \end{cases} \tag{3.5}$$

同时，考虑风电自身的强迫停运概率 q_w，风电输出功率 P_w 的概率密度函数可以修正为

$$f(P_w) = \begin{cases} (1 - q_w)(1 - [F(v_{co}) - F(v_{ci})]) + q_w, & P_w = 0 \\ (1 - q_w)\dfrac{k}{k_1 c}\left(\dfrac{P_w - k_2}{k_1 c}\right)^{k-1} \exp\left[-\left(\dfrac{P_w - k_2}{k_1 c}\right)^k\right], & 0 < P_w < P_r \\ (1 - q_w)[F(v_{co}) - F(v_r)], & P_w = P_r \end{cases} \tag{3.6}$$

3.3.2 风电功率的供电能力范围

1. 故障的影响范围

主网络中元件的故障可以通过主备用电源的切换实现故障恢复，如图 3.3 所示，主网络中的 S_1 故障时，主网络中的 S_2 可以通过合上与备用电源相连的分段开关实现故障恢复(此时需断开 S_1 和 S_2 之间的开关)。

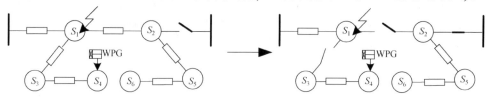

图 3.3　主网络故障时的故障恢复

支网络元件的故障则可能造成某些区域块与系统侧电源分离，如图 3.4 所示。在支网络中，S_5 故障时，S_6 与系统侧电源完全分离，S_5 和 S_6 无法实现故障后的有效供电。

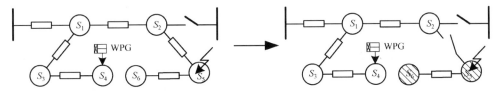

图 3.4　无风电支网络故障时的故障恢复

若支网络故障时，其产生的失电区域块与风电有效连接，可以通过开关操作使失电区域块由风电单独供电形成孤岛运行。如图 3.5 所示，接有风电机组的支网络元件 S_3 故障时，S_4 可以通过风电的出力实现故障后的供电(此时需断开 S_3 和 S_4 之间的开关)。

从上述故障恢复的过程可以看出，风电并没有改善主网络和其他支网络的可靠性，它对可靠性的改善范围仅限于其所接入的支网络。

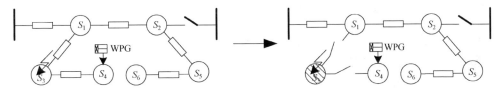

图 3.5　有风电支网络故障时的故障恢复

2. 风电功率的供电能力范围

对于支撑电力孤岛的风电来说，风电功率受其额定容量和风能分布的影响，并不总是能满足孤岛中的全部负荷需求。不同于系统侧电源，风电对孤岛的供电存在一个最大范围，这个范围由风电的最大出力，即额定出力 P_r 决定。

风电额定出力 P_r 仅作用于其逆流路径时实现的最大供电范围，该范围称为该风电的最大供电路径。最大供电路径及其包含的所有并列网络为该风电的供电能力范围。

这样，对于供电能力范围以外的区域块，风电不能实现供电，对于供电能力范围内的区域块，风电也不能保证完全有效供电，而是一个概率事件。风电对供电能力范围内各区域块的供电概率与供电次序有关。

风电对供电能力范围内各区域块的供电次序既应符合由物理路径决定的先近后远的供电特性，保证供电路径的连续，还应充分体现对失电区域供电量的极大化。本章依下述的原则实现风电对其供电能力范围内各区域块的供电次序选择。

① 优先满足靠近风电的最大供电路径上的区域块及其并列网络。

② 对于并列网络中的区域块优先满足靠近其多支区域块和多支节点的区域块。

③ 若区域块与多支区域块或多支节点等区域间隔则优先满足负荷需求较大的区域块。

按上述原则确定的风电对供电能力范围内各区域块的供电次序 S 为 $S_f,\cdots,S_i,\cdots,S_e$。风电是否能对 S 中的区域块 S_i 可靠供电取决于其输出功率 P_w 能否满足 S 中首个区域块 S_f 到 S_i 的所有区域块 Ω_s 的负荷总需求 P_{Ω_s}。当 P_w 满足该负荷总需求 P_{Ω_s} 时，风电实现对区域块 S_i 的有效供电。考虑到风电输出功率 P_w 的概率特性，风电对区域块 S_i 的供电概率 q_{S_i} 可由式(3.5)的概率密度函数描述，即

$$q_{S_i} = q(P_w \geqslant P_{\Omega_s}) = \int_{P_{\Omega_s}}^{P_r} f(P_w)\,\mathrm{d}P_w \tag{3.7}$$

与配电网相连且可能孤岛运行的电网需配置储能设备以响应负荷的快速波动。由于可靠性评估主要考虑的是"确定时间段内大小确定的负荷能否持续供电"的稳态问题，而储能设备的存在又不改变风电孤岛中电源长时出力的大小，因此本章可靠性评估中不考虑储能设备的影响。

3.4 考虑风电随机性的快速可靠性评估算法

3.4.1 支网络中元件可靠性指标的逆流传递

在支网络中，下游元件故障对上游节点的可靠性影响通过可靠性

指标的逆流传递计入。元件 e_j(开关元件或区域块)对可靠性指标的逆流传递特性为

$$\lambda_{u,b-i_k} = \begin{cases} \lambda_{u,b-j_k}, & e_j \text{ 是区域块或是元件} e_k \text{故障的非首遇分段开关} \\ \lambda_{u,b-j_k} q_{e,j}, & e_j \text{ 是熔断器或断路器} \\ \lambda_{u,b-j_k}(1-q_{e,j}), & e_j \text{ 是元件} e_k \text{故障的首遇分段开关} \end{cases} \quad (3.8)$$

$$r_{u,b-i_k} = \begin{cases} r_{u,b-j_k}, & e_j \text{ 是区域块或是熔断器或断路器} \\ & \text{或是元件} e_k \text{故障的非首遇分段开关} \\ \min\{r_{u,b-j_k}, t_e\}, & e_j \text{ 是元件} e_k \text{故障的首遇分段开关} \end{cases} \quad (3.9)$$

式中，下标 b 表示支网络参数；下标 u 表示逆流参数；$\lambda_{u,b-j_k}$ 和 $r_{u,b-j_k}$ 是元件 e_k 的可靠性指标已逆流传递到 e_j 末节点 j 的值；$\lambda_{u,b-i_k}$ 和 $r_{u,b-i_k}$ 为元件 e_k 的可靠性指标从 e_j 末节点 j 逆流传递到 e_j 首节点 i 的值；$q_{e,j}$ 为元件的不可靠开断(断路器和分段开关)、不可靠熔断(熔断器)的概率；t_e 为分段开关的操作时间。

并行考虑所有支网络，按式(3.8)和式(3.9)逆流传递支网络所有元件的可靠性指标至该支网络分支开关的首节点。综合节点 i 所有下游元件的可靠性影响，可得支网络节点 i 的逆流可靠性指标为

$$\lambda_{u,b-i} = \sum_{k \in \Omega_i} \lambda_{u,b-i_k} \quad (3.10)$$

$$r_{u,b-i} = u_{u,b-i} / \lambda_{u,b-i} = (\sum_{k \in \Omega_i} \lambda_{u,b-i_k} r_{u,b-i_k}) / \lambda_{u,b-i} \quad (3.11)$$

式中，Ω_i 为节点 i 的所有下游元件的集合。

节点的逆流可靠性指标完全计及所有下游元件对其可靠性的影响。

3.4.2　主网络节点的可靠性指标

支网络中的所有元件对主网络和其他支网络的可靠性影响等于其分支开关首节点的逆流可靠性指标。根据 FMEA 法，主网络中任一节点 i 的可靠性指标、故障停运频率 λ_{m-i}、平均年停运持续时间 u_{m-i} 和平

均停运持续时间 r_{m-i} 为

$$\lambda_{m-i} = \sum_{k \in \Omega_m} \lambda_{e,k} + \sum_{h \in \Omega_b} \lambda_{u,b-h} \tag{3.12}$$

$$u_{m-i} = \sum_{k \in \Omega_m} \lambda_{e,k} r_{i_k} + \sum_{h \in \Omega_b} \lambda_{u,b-h} r_{i_h} \tag{3.13}$$

$$r_{m-i} = u_{m-i} / \lambda_{m-i} \tag{3.14}$$

式中，下标 m 表示主网络参数；Ω_m 为主网络中元件的集合；Ω_b 为支网络中分支开关首节点的集合；r_{i_k} (r_{i_h}) 为元件 k(分支开关首节点 h) 故障导致节点 i 的平均停运持续时间，其取值依赖于系统结构，具体算法如下。

① 元件 k(h) 在主电源和节点 i 之间。若元件 k(h) 与节点 i 之间无分段开关，则 r_k^e (r_h^e) 为元件 k(h) 的故障修复时间；若有分段开关且节点 i 的外侧馈线上有联络开关(接备用电源)，则 r_k^e (r_h^e) 取 max{分段开关操作时间，联络开关倒闸时间}；如果有分段开关，但节点 i 的外侧馈线上无联络开关，则 r_k^e (r_h^e) 仍为元件 k(h) 的故障修复时间。

② 节点 i 在主电源和元件 k(h) 之间。若元件 k(h) 与节点 i 间无分段开关，则 r_k^e (r_h^e) 为元件 k(h) 的故障修复时间；若有分段开关，则 r_k^e (r_h^e) 取分段开关操作时间。

3.4.3　支网络节点可靠性指标的顺流传递

在支网络中，上游元件故障对下游节点的可靠性影响通过可靠性指标的顺流传递计入。在顺流传递过程中，除考虑元件 e_j 上游网络和元件本身的影响，还必须考虑与其相连的并列网络的影响。

并列网络对元件 e_j 末节点 j 的可靠性影响会由于它与末节点的相对位置而不同，可分为以下两类。

① 若 e_j 的首节点 i 是多支节点，则首节点 i 的并列网络接于末节点 j 的上游，该类并列网络对末节点 j 的顺流可靠性指标影响为

$$\lambda_{n,b-j} = \sum_{k \in \Omega_n} \lambda_{u,b-i_k} \tag{3.15}$$

$$u_{n,b-j} = \sum_{k \in \Omega_n} \lambda_{u,b-i_k} r_{u,b-i_k} \tag{3.16}$$

式中，Ω_n 为 e_j 首节点 i 所有并列网络中剔除 e_j 所在网络后剩余网络的所有元件集合。

若节点 i 不是多支节点，则 $\lambda_{n,b-j}$ 和 $u_{n,b-j}$ 为零。

② 若 e_j 是多支区域块，则其并列网络与末节点 j 并行接于同一区域块，该类并列网络对末节点 j 的顺流可靠性指标的影响为

$$\lambda_{z,b-j} = \sum_{k \in \Omega_z} \lambda_{u,b-k} \tag{3.17}$$

$$u_{z,b-j} = \sum_{k \in \Omega_z} \lambda_{u,b-k} r_{u,b-k} \tag{3.18}$$

式中，Ω_z 为 e_j 所有下游外节点除节点 j 外剩余节点的集合。

若 e_j 不是多支区域块，则 $\lambda_{z,b-j}$ 和 $u_{z,b-j}$ 为零。

综合两类并列网络的影响，可以得到支网络元件 e_j 对可靠性指标的顺流传递特性，即

$$\lambda_{d,b-j} = \lambda_{d,b-i} + \lambda_{e,j} + (\lambda_{n,b-j} + \lambda_{z,b-j}) \tag{3.19}$$

$$u_{d,b-j} = u_{d,b-i} + u_{e,j} + (u_{n,b-j} + u_{z,b-j}) \tag{3.20}$$

式中，下标 d 表示顺流参数；$\lambda_{d,b-j}(u_{d,b-j})$ 为 e_j 首节点 i 的顺流可靠性指标 $\lambda_{d,b-i}(u_{d,b-i})$ 顺流传递到 e_j 末节点 j 的值。

再一次并行考虑所有支网络，以分支开关为首元件，按式(3.19)和式(3.20)依次顺流传递分支开关首节点的顺流可靠性指标至支网络的所有节点。其中，分支开关首节点 i 的顺流可靠性指标为该节点在主网络中的可靠性指标剔除由分支开关所在支网络引起的部分，即

$$\lambda_{d,b-i} = \lambda_{m-i} - \lambda_{u,b-i} \tag{3.21}$$

$$u_{d,b-i} = u_{m-i} - u_{u,b-i} \tag{3.22}$$

分支开关首节点的顺流可靠性指标完全计及主网络和其他支网络对它的可靠性影响。

3.4.4 考虑风电随机性的顺流可靠性指标修正

若支网络中无风电或区域块在风电供电能力范围外，由于 3.3 节得到的支网络节点顺流可靠性指标不受系统风电功率的影响，因此不需要修正。

若区域块在风电的供电能力范围内，由于存在开关操作时间，区域块内各节点的年故障停运率保持不变，但风电会改变各节点的顺流平均年持续停电时间。影响节点顺流平均年停运的持续时间有 3 个部分，即风电不能消除上游故障而造成的停电时间、风电消除上游故障所需的开关操作时间和元件本身故障引起的停电时间。

对于最大供电路径上的区域块 S_j，风电不能消除上游故障的概率等于风电不能对 S_j 有效供电的概率。因此，顺流平均年停运持续时间 $u_{d,b-j}$ 修正为

$$u_{d,b-j} = (1-q_{S_j})(u_{d,j}-u_{e,j}) + q_{S_j}(\lambda_{d,j}-\lambda_{e,j})t_e + u_{e,j} \tag{3.23}$$

式中，$\lambda_{d,j}$ 和 $u_{d,j}$ 为未修正前节点 j 的顺流可靠性指标；$(1-q_{S_j})$ 为风电不能对 S_j 有效供电的概率；$(u_{d,j}-u_{e,j})$ 为无风电时上游故障造成的停电时间，$(1-q_{S_j})(u_{d,j}-u_{e,j})$ 为风电不能消除上游故障而造成的停电时间；$q_{S_j}(\lambda_{d,j}-\lambda_{e,j})t_e$ 为风电消除上游故障所需的开关操作时间；$u_{e,j}$ 为元件本身故障引起的停电时间。

对于非最大供电路径上的区域块 S_j，考虑到该区域块与最大供电路径间的元件故障时会导致风电无法对其供电。因此，$u_{d,b-j}$ 可以修正为

$$u_{d,b-j} = [(1-q_{S_j})u_{d,o} + (u_{d,i}-u_{d,o})] + q_{S_j}(\lambda_{d,j}-\lambda_{e,j})t_e + u_{e,j} \tag{3.24}$$

式中，$u_{d,o}$ 为最大供电路径上与区域块 S_j 直接相连的首个区域块 S_l 首节点 o 的顺流平均年停运持续时间；$(1-q_{S_j})u_{d,o}$ 为风电不能消除区域块 S_l 上游故障导致的停电时间；$(u_{d,i}-u_{d,o})$ 为区域块与最大供电路径间的元件故障导致的停电时间，两种影响之和为风电不能消除 S_j 上游故障而造成的停电时间。

3.4.5 支网络各节点的可靠性指标

在支网络中，节点的逆流可靠性指标计及下游元件的可靠性影响，顺流可靠性指标计及主网络和其他支网络元件、所在支网络上游元件、并列网络，以及风电能量的可靠性影响，实现了可靠性影响的完整考虑。综合逆流和顺流可靠性指标，可以得到支网络节点 i 的可靠性指标，即

$$\lambda_{b-i} = \lambda_{u,b-i} + \lambda_{d,b-i} \tag{3.25}$$

$$u_{b-i} = u_{u,b-i} + u_{d,b-i} \tag{3.26}$$

$$r_{b-i} = u_{b-i}/\lambda_{b-i} \tag{3.27}$$

3.5 快速可靠性评估算法的流程

根据本章提出的含风电的配电网可靠性评估新网络模型和快速算法(图 3.6)，可靠性评估流程如下。

框①依据系统参数确定风电停运时的系统潮流方向。

框②建立待研究网络的开关-区域块网络，并确定开关-区域块网络的主网络和支网络。

框③确定各个风电的功率概率模型、最大供电路径、供电能力范围和风电对供电能力范围内各区域块的供电次序和供电概率。

框④～⑤，通过各元件可靠性指标的逆流传递求支网络各节点(含分支节点和并列网络)的逆流可靠性指标，实现下游故障对上游可靠性影响的计入，方法详见 3.3.1 节。

框⑥～⑧，用 FMEA 法求主网络各节点的可靠性指标和各支节点的顺流可靠性指标，方法详见 3.3.2 节。

框⑨通过可靠性指标的顺流归并求支网络各节点的顺流可靠性指标，实现上游故障对下游可靠性影响的计入，方法详见 3.3.3 节。

框⑩考虑风电随机性的顺流可靠性指标修正，方法详见 3.3.4 节。

最后综合逆流和顺流可靠性指标可得支网络各节点的可靠性指标，方法详见 3.3.5 节。

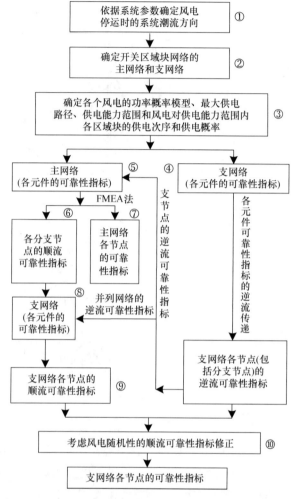

图 3.6　配电网可靠性快速评估新算法的程序

3.6　算 例 分 析

下面给出修改的 RBTS 母线 6 系统实例，修改的 RBTS 母线 6 系统结构如图 3.7 所示。其中，节点 87 连接备用电源，节点 96、104、109 和 130 为风电的待接入点。风电的额定容量为 1.1MW，切入风速、额定风速和切出风速分别为 3m/s、14m/s 和 25m/s，c 和 k 分别为 9.19 和 1.93。风电接入时，均在接入点装设隔离开关。各负荷点的参数见附录 A。

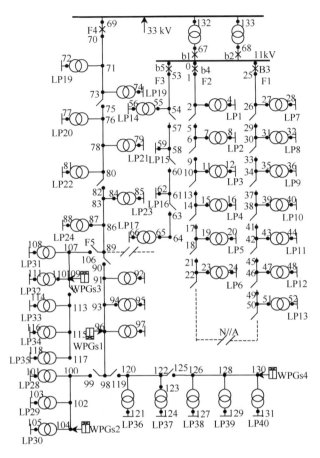

图 3.7　修改的 RBTS 母线 6 的配电系统接线图

断路器可靠动作的概率为 80%，熔断器为 100% 的可靠熔断；线路的故障率取为 0.05 次/(年·km)，每段线路修复时间均取为 4h；断路器故障率取 0.002 次/年，修复时间取 4h；变压器故障率取为 0.015 次/年，修复时—间取为 200h，切换到备用变压器的时间为 1h；分段开关的操作时间为 20min；联络开关的倒闸时间为 1h。各元件的可靠性参数如表 3.1 所示。

表 3.1　各元件的可靠性参数

元件类型	故障率/(次/年)	修复时间/h	操作时间/h
线路	0.05	4	0
变压器	0.015	200	1
断路器	0.002	0	4

续表

元件类型	故障率/(次/年)	修复时间/h	操作时间/h
分段开关	0	0	1/3
联络开关	0	0	1

按开关-区域块网络模型的定义和划分方法，图 3.7 所示的配电系统的等效开关-区域块网络如图 3.8 所示。

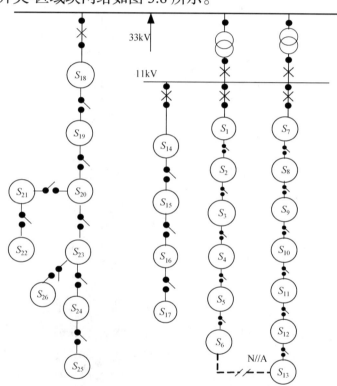

图 3.8 RBTS 母线 6 的配电系统对应的开关-区域块网络

下面以 WPGs1 单独接入系统为例，说明风电的供电能力范围和供电概率。由于风电的可靠性影响仅反映在其所在的支网络，因此其最大供电路径仅为区域块 90-98(包括节点 90-98 的全部节点和元件)，供电能力范围除包括最大供电路径上的区域块，还包括区域块 90-98 的并列网络 99-105、119-124 和 125-131，风电对供电能力范围内各区域块的供电次序为 90-98、119-124、99-105 和 125-131，供电概率为

0.3841、0.1647、0 和 0。

3.6.1　风电系统对可靠性的影响

如表 3.2 所示为分别在待接入点接入风电前后的系统可靠性指标值。可以看出，风电接入后，除系统平均停电频率指标(system average interruption frequency index，SAIFI)外(该指标与馈线上是否接有风电无关)，其他可靠性指标都得到一定程度的改善。当从节点 104 接入时，用户平均停运持续时间指标(customer average interruption duration index，CAIDI)由 9.3507 下降到 8.9448，系统平均停运持续时间指标(system average interruption duration index，SAIDI)下降到 5.1675，平均供电可用率指标(average service availability index，ASAI)提高了 4.6 个基点；当从节点 130 接入时，系统供电量不足指标 ENS 显示系统每年能增加约 6MW·h 的电力供应。由此可见，风电作为一种新型电源在提高系统可靠性方面具有重要意义。

表 3.2　接入风电前后的系统可靠性指标

WPGs 位置	SAIFI/(次/(户·年))	SAIDI/(h/(户·年))	CAIDI(h/(户·年))	ASAI/%	ENS/(MW·h/年)
无	1.7310	5.4020	9.3507	99.8933	127.0314
96	1.7310	5.3006	9.1752	99.8953	125.0085
104	1.7310	5.1675	8.9448	99.8979	122.7200
109	1.7310	5.3174	9.2042	99.8949	124.8329
130	1.7310	5.2627	9.1095	99.8960	121.0608

为进一步验证风电与普通电源对系统可靠性的不同影响，分别在上述 4 个节点接入无容量限制的普通电源。从表 3.3 中馈线子系统(包括馈线 F4-F8)可靠性指标对比数据中可以看出，风电对系统可靠性的改善能力要比普通电源差。特别是，在节点 130 接入时，两者的 CAIDI 指标相差达到 4.0353，系统供电量不足指标 ENS 也相差 26 MW·h/年，这主要是由于节点 130 所在的 F7 馈线远离系统侧电源，并且该馈线用户数多、负荷重，风电本身的容量限制和风能的随机变化使其无法满足上游元件故障后该馈线上负荷的电力需求，而普通电源却不存在此方面的限制。这正是风电与普通电源在供电能力范围和影响强度上的不同体现。

表 3.3　不同类型电源接入后馈线子系统可靠性指标

电源类型	位置	SAIFI/(次/(户·年))	SAIDI/(h/(户·年))	CAIDI/(h/(户·年))	ASAI/%	ENS/(MW·h/年)
风电电源	96	3.4800	5.0061	17.4213	99.8011	101.8924
	104	3.4800	4.8417	16.8491	99.8077	99.6039
	109	3.4800	5.0268	17.4933	99.8003	101.7167
	130	3.4800	4.9593	17.2583	99.8030	97.9446
普通电源	96	3.4800	4.3373	15.0937	99.8277	88.2344
	104	3.4800	3.9352	13.6946	99.8437	82.2344
	109	3.4800	4.8657	16.9326	99.8067	96.8530
	130	3.4800	3.7997	13.2230	99.8491	71.4207

3.6.2　风电系统接入位置的影响

表 3.4～表 3.8 为分别在无风电接入、风电从节点 96、104、109 和 130 接入时，各负荷点和区域块的可靠性指标值。从表 3.4～表 3.8 可见，无论风电是否接入，从系统所有节点和区域来看，故障率始终是一致的，因为任意故障如果不能瞬间切除，都会造成系统的整体停电。同时，位于主网络的馈线 F1、F2 和 F3，无论风电的接入位置如何变化，其可靠性指标都与无风电接入的情况一致。这说明风电的加入不会改善主网络的可靠性指标，同时也不能实现跨越主网络，实现对其他支网络的大范围可靠供电。

表 3.4　无 WPGs 系统的可靠性指标

LP	故障率/ (次/年)	平均时间/ (h/次)	故障时间/h	LP	故障率/ (次/年)	平均时间/ (h/次)	故障时间/h
S1	0.5075	7.8305	3.4117	S14	0.3125	11.2326	3.3467
S2	0.5075	7.9556	3.4758	S15	0.3125	2.2152	3.6308
S3	0.5075	8.1059	3.5508	S16	0.3125	3.1239	3.8875
S4	0.5075	8.1579	3.6133	S17	0.3125	13.8824	7.1300
S5	0.5075	8.2620	3.6683	S18	3.4800	2.5992	8.1216
S6	0.5075	8.3873	3.7225	S19	3.4800	2.4069	10.9099
S7	0.5925	6.7861	3.4400	S20	3.4800	2.6849	8.6441
S8	0.5925	6.9487	3.5317	S21	3.4800	2.7403	15.6608
S9	0.5925	6.9966	3.5658	S22	3.4800	2.5086	26.2041
S10	0.5925	7.0165	3.5858	S23	3.4800	3.1732	19.7741
S11	0.5925	7.2239	3.7000	S24	3.4800	4.0596	26.8733
S12	0.5925	7.2537	3.7550	S25	3.4800	4.2711	37.2516
S13	0.5925	7.3433	3.8100	S26	3.4800	3.8113	30.3174

虽然风电的接入对整个网络的故障率指标和主网络的可靠性没有改善作用，但风电接入位置对支网络本身和整个系统的其他可靠性还是存在较大影响。尤其是，对接入风电的区域块及其该区域块所在的支网络邻近的区域块的可靠性指标、特别是故障时间和平均故障时间都有较好的改善。由表 3.5 可见，直接接有风电机组 WPGs1 的区域块 S23 平均故障时间分别由未接入风电时的 19.7741 降低到 17.0758，降幅达到 13.64%。处在风电机组 WPGs1 能量影响范围内的区域块 S24 平均故障时间分别由未接入风电时的 26.8733 降低到 25.6904，降幅为 4.4%。

表 3.5　WPGs1 接入系统时的可靠性指标

LP	故障率/(次/年)	平均时间/(h/次)	故障时间/h	LP	故障率/(次/年)	平均时间/(h/次)	故障时间/h
S1	0.5075	7.8305	3.4117	S14	0.3125	11.2326	3.3467
S2	0.5075	7.9556	3.4758	S15	0.3125	2.2152	3.6308
S3	0.5075	8.1059	3.5508	S16	0.3125	3.1239	3.8875
S4	0.5075	8.1579	3.6133	S17	0.3125	13.8824	7.1300
S5	0.5075	8.2620	3.6683	S18	3.4800	2.5992	8.1216
S6	0.5075	8.3873	3.7225	S19	3.4800	2.4069	10.9099
S7	0.5925	6.7861	3.4400	S20	3.4800	2.6849	8.6441
S8	0.5925	6.9487	3.5317	S21	3.4800	2.7403	15.6608
S9	0.5925	6.9966	3.5658	S22	3.4800	2.5086	26.2041
S10	0.5925	7.0165	3.5858	S23	3.4800	3.1732	17.0758
S11	0.5925	7.2239	3.7000	S24	3.4800	4.0596	25.6904
S12	0.5925	7.2537	3.7550	S25	3.4800	4.2711	37.2516
S13	0.5925	7.3433	3.8100	S26	3.4800	3.8113	30.3174

由表 3.6 可见，直接接有风电机组 WPGs2 的区域块 S26 平均故障时间分别由未接入风电时的 30.3174 降低到 22.6731，降幅达 25.21%，平均故障时间指标改善非常明显。但同样处于风电机组能量影响范围内的其他区域块，由于受风电机组额定出力的限制，该风电机组无法实现对它们的有效可靠性影响，其平均故障时间指标维持不变。

表 3.6　WPGs2 接入系统时的可靠性指标

LP	故障率/(次/年)	平均时间/(h /次)	故障时间/ h	LP	故障率/(次/年)	平均时间/(h /次)	故障时间/ h
S1	0.5075	7.8305	3.4117	S14	0.3125	11.2326	3.3467
S2	0.5075	7.9556	3.4758	S15	0.3125	2.2152	3.6308
S3	0.5075	8.1059	3.5508	S16	0.3125	3.1239	3.8875
S4	0.5075	8.1579	3.6133	S17	0.3125	13.8824	7.1300
S5	0.5075	8.2620	3.6683	S18	3.4800	2.5992	8.1216
S6	0.5075	8.3873	3.7225	S19	3.4800	2.4069	10.9099
S7	0.5925	6.7861	3.4400	S20	3.4800	2.6849	8.6441
S8	0.5925	6.9487	3.5317	S21	3.4800	2.7403	15.6608
S9	0.5925	6.9966	3.5658	S22	3.4800	2.5086	26.2041
S10	0.5925	7.0165	3.5858	S23	3.4800	3.1732	19.7741
S11	0.5925	7.2239	3.7000	S24	3.4800	4.0596	26.8733
S12	0.5925	7.2537	3.7550	S25	3.4800	4.2711	37.2516
S13	0.5925	7.3433	3.8100	S26	3.4800	3.8113	22.6731

　　由表 3.7 可见，直接接有风电机组 WPGs3 的区域块 S21 平均故障时间分别由未接入风电时的 15.6608 降低到 11.2340，降幅达到 28.27%。处在风电机组 WPGs3 能量影响范围内的区域块 S22 平均故障时间分别由未接入风电时的 26.2041 降低到 25.2268。

表 3.7　WPGs3 接入系统时的可靠性指标

LP	故障率/(次/年)	平均时间/(h /次)	故障时间/ h	LP	故障率/(次/年)	平均时间/(h /次)	故障时间/ h
S1	0.5075	7.8305	3.4117	S14	0.3125	11.2326	3.3467
S2	0.5075	7.9556	3.4758	S15	0.3125	2.2152	3.6308
S3	0.5075	8.1059	3.5508	S16	0.3125	3.1239	3.8875
S4	0.5075	8.1579	3.6133	S17	0.3125	13.8824	7.1300
S5	0.5075	8.2620	3.6683	S18	3.4800	2.5992	8.1216
S6	0.5075	8.3873	3.7225	S19	3.4800	2.4069	10.9099
S7	0.5925	6.7861	3.4400	S20	3.4800	2.6849	8.6441
S8	0.5925	6.9487	3.5317	S21	3.4800	2.7403	11.2340
S9	0.5925	6.9966	3.5658	S22	3.4800	2.5086	25.2268
S10	0.5925	7.0165	3.5858	S23	3.4800	3.1732	19.7741
S11	0.5925	7.2239	3.7000	S24	3.4800	4.0596	26.8733
S12	0.5925	7.2537	3.7550	S25	3.4800	4.2711	37.2516
S13	0.5925	7.3433	3.8100	S26	3.4800	3.8113	30.3174

由表 3.8 可见，直接接有风电机组 WPGs4 的区域块 $S25$ 平均故障时间分别由未接入风电时的 37.2516 降低到 30.1728，降幅达到 19.00%。处在风电机组 WPGs4 能量影响范围内的区域块 $S24$ 平均故障时间分别由未接入风电时的 26.8733 降低到 24.9192。

表 3.8　WPGs4 接入系统时的可靠性指标

LP	故障率/(次/年)	平均时间/(h/次)	故障时间/h	LP	故障率/(次/年)	平均时间/(h/次)	故障时间/h
$S1$	0.5075	7.8305	3.4117	$S14$	0.3125	11.2326	3.3467
$S2$	0.5075	7.9556	3.4758	$S15$	0.3125	2.2152	3.6308
$S3$	0.5075	8.1059	3.5508	$S16$	0.3125	3.1239	3.8875
$S4$	0.5075	8.1579	3.6133	$S17$	0.3125	13.8824	7.1300
$S5$	0.5075	8.2620	3.6683	$S18$	3.4800	2.5992	8.1216
$S6$	0.5075	8.3873	3.7225	$S19$	3.4800	2.4069	10.9099
$S7$	0.5925	6.7861	3.4400	$S20$	3.4800	2.6849	8.6441
$S8$	0.5925	6.9487	3.5317	$S21$	3.4800	2.7403	15.6608
$S9$	0.5925	6.9966	3.5658	$S22$	3.4800	2.5086	26.2041
$S10$	0.5925	7.0165	3.5858	$S23$	3.4800	3.1732	19.7741
$S11$	0.5925	7.2239	3.7000	$S24$	3.4800	4.0596	24.9192
$S12$	0.5925	7.2537	3.7550	$S25$	3.4800	4.2711	30.1728
$S13$	0.5925	7.3433	3.8100	$S26$	3.4800	3.8113	30.3174

综合对比表 3.4～表 3.8 可以看出，风电接于支网络末端区域块(节点 104、130)较接于支网络其他位置(节点 96、109)更优。当接于节点 130 时，馈线 F7 首个区域块或馈线 F4-F6、F8 任一元件故障，风电均能形成孤岛供电，而风电接于支网络非末端区域块时，若风电下游元件故障，上游区域并未失去与系统侧电源的连接，此时风电的接入并不能改善系统的可靠性。风电接于节点 104 和 130 对 ASAI 指标和 ENS 指标的改善各有优劣，这是由于不同风电供电能力范围内的负荷需求特性是不一样的。接于节点 104 时，风电供电能力范围内(馈线 F8)的用户数比接于节点130(馈线 F7)时多，而后者的用户需求较前者大。因此，风电的接入不仅应考虑接入点的在网络中的相对位置，还应考虑风电供电能力范围内的负荷需求特性。

3.6.3 风速参数和额定容量对可靠性的影响

表3.9～表3.13列出了节点130接入不同额定容量风电系统在不同风速参数情况下馈线F4子系统的可靠性指标，切入风速、额定风速、切出风速与上节一致。表 3.10 为额定容量为 1.1MW，风速参数 C=9.19，K=1.93；C=7.14，K=2.21；C=10.9，K=1.74 时各区域块的可靠性指标。

从上述数据可见，处在主网络中的区域块 $S18$-$S22$ 在各种风速参数下，其三类可靠性指标都没有发生变化，说明风电机组的可靠供电范围不会随着风速参数的变化扩大到其本身支网络以外的区域，风电机组不能实现跨越主网络的大范围可靠供电。对于风电机组接入的支网络本身而言(包括区域块 $S23$、$S24$、$S25$ 和 $S26$)，风速参数和风机额定容量的变化却有明显影响。以风机额定容量恒定为 1.1MW 为例，区域块 $S23$、$S24$ 和 $S25$ 的平均故障时间在不同风速参数完全不同，在风速参数 C=10.9，K=1.74 时，$S25$ 的平均故障时间为 23.2871，远小于风速参数为 C=7.14，K=2.21 时的值。以风速参数恒定为 C=10.9，K=1.74 为例，区域块 $S23$、$S24$ 和 $S25$ 的平均故障时间在不同风机额定容量下差异也非常明显，在风机额定容量为 1.1MW 时，而风机额定容量增加到 4MW 时，$S25$ 的平均故障时间为下降到 17.8345，从一定程度上来讲，区域块的平均故障时间随着风机额定容量增加而下降。

表 3.9　容量 1.1MW 时不同风速参数下的可靠性指标

LP	C=9.19，K=1.93			C=7.14，K=2.21			C=10.9，K=1.74		
	λ^s	r^s	u^s	λ^s	r^s	u^s	λ^s	r^s	u^s
$S18$	3.4800	2.5992	8.1216	3.4800	2.5992	8.1216	3.4800	2.5992	8.1216
$S19$	3.4800	2.4069	10.9099	3.4800	2.4069	10.9099	3.4800	2.4069	10.9099
$S20$	3.4800	2.6849	8.6441	3.4800	2.6849	8.6441	3.4800	2.6849	8.6441
$S21$	3.4800	2.7403	15.6608	3.4800	2.7403	15.6608	3.4800	2.7403	15.6608
$S22$	3.4800	2.5086	26.2041	3.4800	2.5086	26.2041	3.4800	2.5086	26.2041
$S23$	3.4800	3.1732	19.7741	3.4800	3.1732	19.7741	3.4800	3.1732	18.5700
$S24$	3.4800	4.0596	24.9192	3.4800	4.0596	26.6454	3.4800	4.0596	19.8406
$S25$	3.4800	4.2711	30.1728	3.4800	4.2711	34.7534	3.4800	4.2711	23.2871
$S26$	3.4800	3.8113	30.3174	3.4800	3.8113	30.3174	3.4800	3.8113	30.3174

表 3.10 为额定容量为 2.0MW 时各区域块的可靠性指标。

表 3.10　容量 2.0MW 时不同风速参数下的可靠性指标

LP	C=9.19, K=1.93			C=7.14, K=2.21			C=10.9, K=1.74		
	λ^s	r^s	u^s	λ^s	r^s	u^s	λ^s	r^s	u^s
S18	3.4800	2.5992	8.1216	3.4800	2.5992	8.1216	3.4800	2.5992	8.1216
S19	3.4800	2.4069	10.9099	3.4800	2.4069	10.9099	3.4800	2.4069	10.9099
S20	3.4800	2.6849	8.6441	3.4800	2.6849	8.6441	3.4800	2.6849	8.6441
S21	3.4800	2.7403	15.6608	3.4800	2.7403	15.6608	3.4800	2.7403	15.6608
S22	3.4800	2.5086	26.2041	3.4800	2.5086	26.2041	3.4800	2.5086	26.2041
S23	3.4800	3.1732	18.5700	3.4800	3.1732	19.5233	3.4800	3.1732	17.8338
S24	3.4800	4.0596	19.8406	3.4800	4.0596	23.4171	3.4800	4.0596	18.1255
S25	3.4800	4.2711	23.2871	3.4800	4.2711	27.6975	3.4800	4.2711	21.6274
S26	3.4800	3.8113	30.3174	3.4800	3.8113	30.3174	3.4800	3.8113	30.3174

表 3.11 为额定容量为 3.0MW 时各区域块的可靠性指标。

表 3.11　容量 3.0MW 时不同风速参数下的可靠性指标

LP	C=9.19, K=1.93			C=7.14, K=2.21			C=10.9, K=1.74		
	λ^s	r^s	u^s	λ^s	r^s	u^s	λ^s	r^s	u^s
S18	3.4800	2.5992	8.1216	3.4800	2.5992	8.1216	3.4800	2.5992	8.1216
S19	3.4800	2.4069	10.9099	3.4800	2.4069	10.9099	3.4800	2.4069	10.9099
S20	3.4800	2.6849	8.6441	3.4800	2.6849	8.6441	3.4800	2.6849	8.6441
S21	3.4800	2.7403	15.6608	3.4800	2.7403	15.6608	3.4800	2.7403	15.6608
S22	3.4800	2.5086	26.2041	3.4800	2.5086	26.2041	3.4800	2.5086	26.2041
S23	3.4800	3.1732	16.6679	3.4800	3.1732	18.5581	3.4800	3.1732	16.5419
S24	3.4800	4.0596	17.2058	3.4800	4.0596	19.7980	3.4800	4.0596	15.5028
S25	3.4800	4.2711	20.0835	3.4800	4.2711	23.3720	3.4800	4.2711	19.0799
S26	3.4800	3.8113	28.6905	3.4800	3.8113	29.8255	3.4800	3.8113	27.9447

表 3.12 为额定容量为 4.0MW 时各区域块的可靠性指标。

表 3.12　　容量 4.0MW 时不同风速参数下的可靠性指标

LP	C=9.19, K=1.93			C=7.14, K=2.21			C=10.9, K=1.74		
	λ^s	r^s	u^s	λ^s	r^s	u^s	λ^s	r^s	u^s
S18	3.4800	2.5992	8.1216	3.4800	2.5992	8.1216	3.4800	2.5992	8.1216
S19	3.4800	2.4069	10.9099	3.4800	2.4069	10.9099	3.4800	2.4069	10.9099
S20	3.4800	2.6849	8.6441	3.4800	2.6849	8.6441	3.4800	2.6849	8.6441
S21	3.4800	2.7403	15.6608	3.4800	2.7403	15.6608	3.4800	2.7403	15.6608
S22	3.4800	2.5086	26.2041	3.4800	2.5086	26.2041	3.4800	2.5086	26.2041
S23	3.4800	3.1732	16.3024	3.4800	3.1732	17.5858	3.4800	3.1732	15.7839
S24	3.4800	4.0596	14.9750	3.4800	4.0596	17.5273	3.4800	4.0596	14.1563
S25	3.4800	4.2711	18.5087	3.4800	4.2711	21.1076	3.4800	4.2711	17.8345
S26	3.4800	3.8113	27.7072	3.4800	3.8113	29.0601	3.4800	3.8113	27.0430

表 3.13 为额定容量为 5.0MW 时各区域块的可靠性指标。

表 3.13　　容量 5.0MW 时不同风速参数下的可靠性指标

LP	C=9.19, K=1.93			C=7.14, K=2.21			C=10.9, K=1.74		
	λ^s	r^s	u^s	λ^s	r^s	u^s	λ^s	r^s	u^s
S18	3.4800	2.5992	8.1216	3.4800	2.5992	8.1216	3.4800	2.5992	8.1216
S19	3.4800	2.4069	10.9099	3.4800	2.4069	10.9099	3.4800	2.4069	10.9099
S20	3.4800	2.6849	8.6441	3.4800	2.6849	8.6441	3.4800	2.6849	8.6441
S21	3.4800	2.7403	15.6608	3.4800	2.7403	15.6608	3.4800	2.7403	15.6608
S22	3.4800	2.5086	26.2041	3.4800	2.5086	26.2041	3.4800	2.5086	26.2041
S23	3.4800	3.1732	15.7165	3.4800	3.1732	16.8475	3.4800	3.1732	15.3122
S24	3.4800	4.0596	13.9655	3.4800	4.0596	16.0974	3.4800	4.0596	13.3585
S25	3.4800	4.2711	17.5927	3.4800	4.2711	19.7696	3.4800	4.2711	17.1086
S26	3.4800	3.8113	26.9931	3.4800	3.8113	28.3102	3.4800	3.8113	26.4408

表 3.14 列出了节点 126 接入不同额定容量风电系统在不同风速参数情况下馈线 F4 子系统的可靠性指标。切入风速、额定风速、切出风速与上节一致。可以看出，系统的可靠性指标随着风速参数的提升和风电系统额定容量的增加而不断改善。

表 3.14　不同额定容量和风速参数时系统的可靠性指标

风速参数	容量/MW	SAIFI/(次/(户·年))	SAIDI/(h/(户·年))	CAIDI/(h/(户·年))	ASAI/%	ENS/(MW·h/年)
C=7.14 K=2.21	1.1	3.4800	5.0796	17.6770	99.7982	101.969
	3.0	3.4800	4.6662	16.2383	99.8146	90.0753
	5.0	3.4800	4.4038	15.3253	99.8251	84.2185
C=9.19 K=1.93	1.1	3.4800	4.9593	17.2583	99.8030	97.9446
	3.0	3.4800	4.4389	15.4473	99.8237	84.9464
	5.0	3.4800	4.2283	14.7146	99.8320	80.4311
C=10.9 K=1.74	1.1	3.4800	4.8962	17.0387	99.8055	95.7235
	3.0	3.4800	4.3537	15.1510	99.8270	83.1074
	5.0	3.4800	4.1711	14.5155	99.8343	79.3050

从风速参数来看，当由①变化到③时，平均风速由6.32m/s提高到9.13m/s，风电系统对能量影响域内区域块的供电可靠性指标得到稳定提升，供电量不足指标 ENS 和平均供电可靠率 ASAI 在同一风电系统额定容量下完全与平均风速的变化保持一致。这主要是因为大部分时间内风速维持在切入风速和额定风速之间，风电系统输出功率与风速近似呈线性关系，由风速参数决定的风电系统输出功率概率密度函数向风电系统额定容量靠近，风电系统对能量影响域内区域块的供电概率增加。

从风电系统额定容量来看，当它提高到5.0MW时，系统供电量不足指标 ENS 都下降到80MW·h 左右，但 ENS 与风电系统额定容量并不总是近似成反比关系。由图 3.9 可以看出，风电系统额定容量在1.0~3.0MW变化时，ENS 与其近似成反比例减少，且在某些点附近呈阶梯式的变化。这些点正是额定容量增加到能量影响域扩大的转折点，体现了区域块负荷的非连续性分布特性。当风电系统额定容量在4.0MW 以上变化时，ENS 的变化趋势逐渐平缓。这主要是因为风电系统容量的提升并不能无约束地扩大其能量影响域，风电系统的能量影响域最大限于馈线 F6、F7 和 F8，而无法超越主网络区域块实现跨支网络的能量供应。

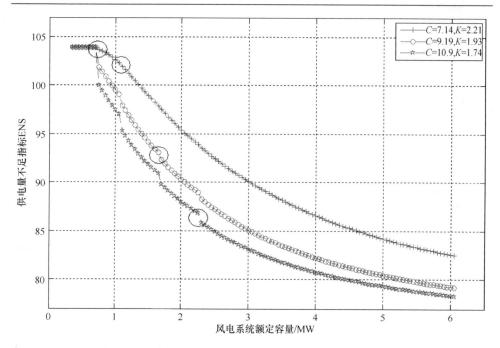

图 3.9　不同风电系统容量和风速参数时供电量不足指标

3.6.4　新方法的计算效率

　　表 3.15 为开关-区域块网络模型等效前后系统的元件数目对比。在变压器配置和不配置熔断器两种情况下，本章方法的简化率，即等效后减少的元件数与等效前元件数的百分比，分别达到 20%和 50%以上。可见，本章的等效方法能使待分析的元件数明显减少，当网络中非开关元件个数与开关元件个数之比越大时，简化率越高。

表 3.15　等效前后元件数目比较

配置情况	区域块	等效前数目	等效后数目	简化率/ %
配置熔断器	母线 6	167	132	20.96
	馈线子系统	82	64	21.95
不配置熔断器	母线 6	129	56	56.59
	馈线子系统	59	18	69.49

　　为便于计算量的比较，约定计算 1 个节点的 3 个指标λ、u 和 r 的计算量为 1 个单位。表 3.15 给出了不同算法的计算量情况：FMEA 法

的计算量为 3782 个单位，而本章方法的计算量为 82 个单位，仅为 FMEA 法的 2.17%。对于整个 RBTS 母线 6 系统，在变压器均配置熔断器的情况下，本章方法的计算量也不到 FMEA 法的 10%。

3.7　小　　结

本章提出一种考虑风电能量随机性的配电网可靠性评估新网络模型和快速算法。该模型和算法的主要特点与本章的主要工作小结如下。

① 利用配电网的区域块特性构造了开关-区域块网络模型，大大减少了可靠性评估分析的元件数目。

② 风电供电能力范围的构造和风电对供电能力范围各区域块的供电次序和供电概率的确定实现了风电随机出力与区域块可靠供电概率的映射。

③ 提出的配电网可靠性评估快速算法不但完整考虑了所有元件故障和风电随机性的影响，而且使计算量锐减。

④ 对比分析了风电与普通电源在供电能力范围和影响强度上的不同，并从接入位置探讨了风电对配电网可靠性的改善特性。

第4章 基于最小可行分析对象的配电网快速重构

4.1 概　　述

配电网包含大量常闭的分段开关及少量常开的联络开关。配电网重构就是通过改变这些开关的开合状态来变换网络结构实现负荷转移，以达到平衡负荷、降低网损、改善电压分布和供电可靠性、提高供电质量等目标。配电网重构是一种无需额外经济投入就能实现较好经济效益、坚强网络结构、提高系统稳定性的电网优化的有效措施。

配电网重构问题是大规模、非线性、混合整数规划问题。由于已有非线性优化算法的缺陷和电网物理约束的复杂性，问题的求解速度和收敛性通常较差。为此人们提出许多方法，如基于启发式规则的支路交换法和最优流模式法，基于人工智能理论的禁忌搜索法、遗传算法、蚁群优化算法、家族优生学算法，以及各种方法的混合法。这些方法丰富和发展了配电网重构的理论和实践。

在上述已有的方法中，支路交换法能够避免人工智能算法计算时间长、寻优效率不高等问题，在实际中电网规划和运行中得到了很好的应用。然而，传统的支路交换法在寻优过程中，要么以"全网"为分析对象、导致反复的全网潮流计算，造成寻优效率低下、寻优时间长，要么以"单环"为分析对象、使计算量锐减，但这种简化处理的方法理论依据不足、有效性有待验证。另一方面，传统的支路交换算法在寻优过程中使用的启发式规则物理意义不清晰，甚至不准确，往往导致开关开合出现反复，最终的开合方案也不尽合理。

针对已有重构方法的不足，本章提出一种配电网重构的快速算法。首先，基于网络简化给出"元环"的概念，并结合型配电网节点阻抗矩阵元素的特点和负荷与支路有功损耗的定量关系，论证元环为配电网重构的最小可行分析对象。在此基础上，构造反映负荷在元环路径上引起有功损耗大小的负荷耗散分量和路径耗散因子，并通过分析路径耗散因子的性质给出一种新的支路交换启发式规则，继而提出一种改进的支路交换算法：先由开断开关两端节点的负荷耗散分量之差确定网络中元环的处理次序，再依据新启发式规则确定各元环中应断开的支路，这样反复操作即得配电网重构的最优方案。IEEE 69 节点配电系统的分析表明，本章方法得到最优重构方案的速度快且可靠，能够应用到复杂配电网络重构问题。

4.2 辐射型配电网重构的最小可行分析对象

4.2.1 辐射型配电网的结构分析

1. 元环的定义

在辐射型配电网中，每合上一个开断开关便形成一个单环，若单环上的节点还接有不在该单环上的下游节点，考虑这些下游节点的负荷转移方向与它们所连的单环节点一致，因此可以把这些下游节点归并到相应的单环节点上。通过上述简化，单环中不再含有下游节点和支路，称这种简化得到的单环为元环，下面的分析表明它是配电网重构中的最小可行分析对象。

图 4.1 中合上开断开关 8-14 得单环[8-14-13-12-11-10-9-8]，该单环上的节点 14 还接有不在单环上的下游节点 15、16 和 17，把这些下游节点全归并到节点 14。这样得到的单环不再含有不在单环上的下游节点，即是一个元环，用[8|8-14|8]表示，其中节点 8 是该元环的最上游节点(功率流入节点)，称为该元环的环顶点，8-14 为该元环的开断开关。合上其他的开断开关时也可以形成相应的单环。对于如图 4.1 所示的网络，共有 5 个单环，分别为[1|11-21|1]、[2|24-27|2]、[3|7-3|3]、[5|35-17|5]和[8|8-14|8]。

2. 节点阻抗矩阵元素的特点

配电网总是处于闭环设计、开环运行的状态。与输电网不同，辐

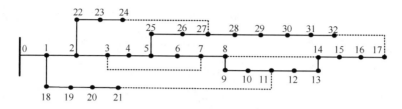

图 4.1　IEEE 33 节点配电系统

射型配电网的节点阻抗矩阵元素具有以下两个明显特点[162]。

特点 1　任意节点 i 的自阻抗 $\bar{Z}_{ii}^{n}$ 等于连接该节点与根节点(电源点)路径上所有支路阻抗之和，即

$$\bar{Z}_{ii}^{n} = \sum_{l \in \Omega_i} \bar{z}_l \tag{4.1}$$

式中，Ω_i 为节点 i 到根节点的支路编号集合。

特点 2　任意节点 i 和 j 之间的互阻抗与节点所属的支路组有关。当节点 i 和 j 属于同一支路组时，$\bar{Z}_{ij}^{n}$ 等于两节点中处于上游节点的自阻抗的值；当节点 i 和 j 属于不同两个支路组时，$\bar{Z}_{ij}^{n}$ 等于两支路组公共节点 k 的自阻抗 $\bar{Z}_{kk}^{n}$。

在图 4.1 中，节点 6 的自阻抗为支路 0-1、1-2、2-3、3-4、4-5、5-6 的阻抗之和；在计算节点 6 和节点 9 的互阻抗时，因为节点 6 和节点 9 属于同一支路组，所以它们的互阻抗就为节点 6 的自阻抗值；对于节点 6 和节点 27，因为这两个节点属于不同两个支路组，它们的互阻抗就是其公共节点，即节点 5 的自阻抗值。

3. 负荷转移对节点阻抗矩阵元素的影响

由配电网节点阻抗矩阵的特点可知，当负荷转移时，节点阻抗矩阵各元素的变化也具有明显特点：节点阻抗矩阵中发生变化的元素为被转移节点的自阻抗值和被转移节点与其所在元环其他节点的互阻抗值，其他元素的自阻抗和互阻抗均不发生改变。

如图 4.2 所示，节点 k 在元环 $[o|i{-}j|o]$ 内由顺流路径 $o{-}d{-}k$ 供电转移为由逆流路径 $o{-}u{-}k$ 供电时(即合上开关 l，断开开关 m)，元环内供电路径发生转移的节点包括节点 k 与节点 i 间的所有节点，这些节点对应的

自阻抗值，以及它们与元环内其他节点(包括顺流路径 o-d-$(k-1)$ 和逆流路径 o-u-$(k+1)$ 上的所有节点)的互阻抗值发生改变。除上述元素变化，其他元素均与供电转移前一致。

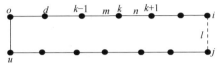

图 4.2　元环的结构示例

4.2.2　负荷功率与支路有功损耗的关系

1. 耗散功率转归分量理论简介

将电源/负荷用等值电流表示，文献[163]-[165]分别用两步联盟博弈、弱条件转归(一步实现)、独立性边际损耗(或独立性损耗灵敏度)进行严格的数学推导，得到了将耗散功率转归给各个电源的殊途同归的一致结论。

结论 1　在正弦稳态电路中，任意支路耗散的有功功率转归给某电源的值等于该电源单独激励下，该支路的电流响应相量与该支路总电流相量的点乘积乘以该支路的电阻。

结论 2　在正弦稳态电路中，任意支路耗散的无功功率转归给某电源的值等于在该电源单独激励下，该支路的电流响应相量与该支路的总电流相量的点乘积乘以该支路的电抗。

2. 负荷功率与支路有功损耗的关系

配电网重构过程实质上是部分负荷供电路径的再选择过程，负荷供电路径的变化必然引起部分支路和全网有功损耗的变化。因此，建立负荷功率与支路有功损耗的定量关系对网络重构尤为重要。

根据电力系统稳态分析理论，所有节点的注入功率可以等值成节点电流源，即

$$\bar{I}_k^n = \hat{S}_k / \hat{U}_k^n \tag{4.2}$$

式中，上标 n 为节点电气量；$\bar{I}_k^n$ 为节点 k 注入功率的等值节点注入电流；$\hat{S}_k$ 为节点 k 注入功率 $\bar{S}_k$ 的共轭值；$\hat{U}_k^n$ 为节点 k 电压相量 $\bar{U}_k^n$ 的共

轭值。

根据欧姆定律和基尔霍夫定律，对任意等值网络总是满足节点电压方程，即

$$\bar{U}^n = \bar{Z}^n \bar{I}^n \tag{4.3}$$

式中，$\bar{U}^n = [\bar{U}_1^n, \bar{U}_2^n, \cdots, \bar{U}_N^n]$ 为节点电压向量，N 为全网节点编号的集合；$\bar{I}^n = [\bar{I}_1^n, \bar{I}_2^n, \cdots, \bar{I}_N^n]$ 为节点电流向量；$\bar{Z}^n$ 为 $N \times N$ 的阻抗矩阵。

可以将式(4.3)写成代数形式，即

$$\bar{U}_i^n = \sum_{k \in N} \bar{Z}_{ik}^n \bar{I}_k^n \tag{4.4}$$

考虑式(4.4)，运用欧姆定律可得支路 l 的电流 $\bar{I}_l^b$ 的表达式，即

$$\bar{I}_l^b = (\bar{U}_i^n - \bar{U}_j^n) / \bar{z}_l = \sum_{k \in N} \bar{\alpha}_{lk} \bar{I}_k^n \tag{4.5}$$

$$\bar{\alpha}_{lk} = (\bar{Z}_{ik}^n - \bar{Z}_{jk}^n) / \bar{z}_l \tag{4.6}$$

式中，上标 b 为支路电气量；$\bar{Z}_{ik}^n$ 为阻抗矩阵 $\bar{Z}^n$ 第 i 行、第 k 列元素；i 和 j 分别为支路 l 的首、末节点；$\bar{z}_l$ 为支路 l 的阻抗值。

注入电流 $\bar{I}_k^n$ 单独作用下支路 l 的电流响应 $\bar{I}_{lk}^b$ 为

$$\bar{I}_{lk}^b = [(\bar{Z}_{ik}^n - \bar{Z}_{jk}^n) / \bar{z}_l] \bar{I}_k^n = \bar{\alpha}_{lk} \bar{I}_k^n \tag{4.7}$$

根据耗散功率转归分量理论，任意支路的有功损耗转归给某节点注入功率的部分，等于该节点注入功率的等值注入电流单独激励下该支路的电流响应相量与该支路的总电流相量的点乘积乘以该支路的电阻，即

$$P_{lk} = (\bar{I}_{lk}^b \cdot \bar{I}_l^b) r_l \tag{4.8}$$

式中，P_{lk} 为支路 l 的有功损耗转归给节点注入功率 k 的分量；运算符 "·" 表示点乘，此时应将复数电流视为二维空间的向量。

结合式(4.2)～式(4.8)，可以得到节点 k 注入功率在支路 l 上产生的有功损耗表达式，即

$$P_{lk} = (\bar{\alpha}_{lk} \bar{I}_k^n) \bar{I}_l^b r_l \tag{4.9}$$

即为负荷功率与支路有功损耗的关系表达式。

4.2.3　元环-配电网重构中的最小可行分析对象

1. 原理推导

由式(4.9)可知，影响节点 k 的注入功率在支路 l 上产生有功损耗大小的因素有三个，即节点注入电流 $\bar{I}_k^n$、支路电流 $\bar{I}_l^b$ 和节点阻抗矩阵 $\bar{Z}^n(\bar{\alpha}_{lk})$。考虑到标幺值系统中节点电压近似等于 1.0p.u.，节点注入电流 $\bar{I}_k^n$ 在负荷转移前后变化很小。因此，需考查的因素仅为后两项。

对于节点 k 所在元环以外的任意支路 l，节点 k 的供电路径变化并不改变元环与支路 l 的上下游关系，支路电流 $\bar{I}_l^b$ 仍为其下游负荷电流之和。考虑到下游负荷点的电压只能运行在约束范围内，节点电压变化很小，因此支路电流 $\bar{I}_l^b$ 基本不变；又由节点阻抗矩阵 $\bar{Z}^n$ 的特点可知，$\bar{\alpha}_{lk}$ 的值不随节点 k 供电路径变化而变化。因此，节点 k 注入功率在元环外任一支路 l 上产生的有功损耗不随其供电路径的变化而改变，元环内的负荷转移对元环外的有功损耗基本上没有影响。

对于节点 k 所在元环内的任一支路 l，由于负荷供电路径的变化会使元环内各支路电流发生较大变化。同时，式(4.6)中 $\bar{\alpha}_{lk}$ 的值也可能发生改变。因此，节点 k 注入功率在元环内支路 l 上产生的有功损耗会随其供电路径的变化而改变。

2. 定量分析

表 4.1 给出了 IEEE 33 节点配电系统(图 4.1)中节点 11 的负荷转移前后元环外支路的有功损耗变化情况。由此可见，节点 11 在元环 [8|8-14|8] 内由路径 8-9-11 供电转移为由路径 8-14-11 供电后，环外支路的有功损耗的变化量一般较小，其中馈线 1-18-19-20-21 和馈线 5-25-26-27-28-29-30-31-31 的有功损耗的变化量均为零。环外所有支路的有功损耗的变化量也仅为 0.4kW，仅为负荷转移前环外所有支路有功损耗的 0.21%，负荷转移的影响极小，可以忽略。

表 4.1　负荷转移前后元环外支路有功损耗变化

对象	有功损耗/kW			
	转移前	转移后	变化量	变化率/%
元环外支路 0-1	12.24	12.22	0.02	0.16
元环外支路 1-2	51.79	51.69	0.10	0.19
元环外支路 2-3	19.90	19.85	0.05	0.25
元环外支路 3-4	18.70	18.65	0.05	0.27
元环外支路 4-5	38.25	38.14	0.11	0.29
元环外支路 5-6	1.92	1.90	0.02	1.04
元环外支路 6-7	4.84	4.80	0.04	0.83
元环外支路 7-8	4.18	4.14	0.04	0.96
元环外支路 1-18	0.16	0.16	0.00	0.00
元环外支路 18-19	0.83	0.83	0.00	0.00
元环外支路 19-20	0.10	0.10	0.00	0.00
元环外支路 20-21	0.04	0.04	0.00	0.00
元环外支路 2-22	3.18	3.18	0.00	0.00
元环外支路 22-23	5.14	5.14	0.00	0.00
元环外支路 23-24	1.29	1.29	0.00	0.00
元环外支路 5-25	2.60	2.60	0.00	0.00
元环外支路 25-26	3.33	3.33	0.00	0.00
元环外支路 26-27	11.30	11.30	0.00	0.00
元环外支路 27-28	7.83	7.83	0.00	0.00
元环外支路 28-29	3.90	3.90	0.00	0.00
元环外支路 29-30	1.59	1.59	0.00	0.00
元环外支路 30-31	0.21	0.21	0.00	0.00
元环外支路 31-32	0.01	0.01	0.00	0.00
元环外所有支路	193.3	192.9	0.40	0.21

　　由表 4.2 给出的 IEEE 33 节点系统中节点 11 的负荷转移前后元环内支路的有功损耗变化情况可见，负荷转移后环内支路的有功损耗的变化量都比较大，其中支路 8-9 由转移前的 3.56kW 下降到 0.10kW，支

路 13-14 的有功损耗由 0.05kW 上升到 0.10kW，是转移前的 7 倍。所有支路的有功损耗变化量为 1.40kW，达到转移前环内总损耗的 19.39%，负荷转移的影响很大。

表 4.2　负荷转移前后元环内支路有功损耗变化

对象	有功损耗/kW			变化率/%
	转移前	转移后	变化量	
元环内支路 8-9	3.56	0.10	3.46	97.19
元环内支路 9-10	0.55	0.00	0.55	100.00
元环内支路 10-11	0.88	0.00	0.88	100.00
元环内支路 11-12	0.73	0.05	0.68	93.15
元环内支路 12-13	0.36	0.08	0.28	77.78
元环内支路 13-14	0.05	0.35	0.30	600.00
元环内支路 14-15	0.16	0.28	0.12	75.00
元环内支路 15-16	0.83	0.25	0.58	69.88
元环内支路 16-17	0.10	0.05	0.05	50.00
元环内支路 8-14	0.00	4.66	1.99	—
元环内所有支路	7.22	5.82	1.40	19.39

综合理论和定量分析，可以得出以下结论：负荷转移时，元环外的有功损耗变化很小、可以忽略不计，有功损耗的变化集中在元环内。因此，可以把实现全网有功损耗最小化的问题转化为动态最小化元环的有功损耗问题。通过动态最小化元环内的有功损耗得到的配电网重构方案一定是全网有功损耗最小的方案。

4.3　基于路径耗散因子的配电网重构

本章以元环为最小分析对象，构造负荷耗散分量和路径耗散因子来反映负荷对元环内供电路径的有功损耗影响，并依据路径耗散因子的性质形成配电网重构的启发式规则。

4.3.1　负荷耗散分量和路径耗散因子

由式(4.9)可知，节点 k 的负荷功率在其元环路径 L 上产生的有功损耗为

$$P_{Lk} = \sum_{l \in L} P_{lk} = \sum_{l \in L} [(\bar{\alpha}_{lk} \bar{I}_k^n) \bar{I}_l^b r_l] = \bar{I}_k^n \sum_{l \in L} (\hat{\alpha}_{lk} \bar{I}_l^b r_l) \tag{4.10}$$

式中，$\hat{\alpha}_{lk}$ 为 $\bar{\alpha}_{lk}$ 的共轭值。

令

$$\xi_k = \sum_{l \in L} (\hat{\alpha}_{lk} \bar{I}_l^b r_l) \tag{4.11}$$

由式(4.10)和式(4.11)可知，当节点 k 负荷功率的等值节点注入的电流 $\bar{I}_k^n$ 一定时，其在路径 L 上产生的有功损耗由 ξ_k 决定，ξ_k 能准确反映节点 k 对元环内供电路径的有功损耗影响。本章称 ξ_k 为节点 k 的负荷耗散分量。

对于元环内除环顶点外的其他任意节点 k，如图 4.2 所示，总是存在顺流路径 $o\text{-}d\text{-}k$ 和逆流路径 $o\text{-}u\text{-}k$。若节点 k 由顺流路径供电，即断开开关 n，合上开关 l，节点 k 接于顺流路径 $o\text{-}d\text{-}k$ 末端，则顺流路径上任意节点 i 的负荷耗散分量 ξ_i^d 为

$$\xi_i^d = \sum_{l \in L_d} \hat{\alpha}_{li} \bar{I}_l^b r_l \tag{4.12}$$

式中，L_d 为顺流路径 $o\text{-}d\text{-}k$ 上所有支路编号的集合。

同理，若节点 k 由逆流路径供电，逆流路径 $o\text{-}u\text{-}k$ 上任意节点 i 的负荷耗散分量 ξ_i^u 仅需将式(4.12)中的 L_d 替换为逆流路径上所有支路编号的集合 L_u 便可计算得到，即

$$\xi_i^u = \sum_{l \in L_u} \hat{\alpha}_{li} \bar{I}_l^b r_l \tag{4.13}$$

由上述负荷耗散分量的定义和计算过程可见，元环内任意节点的负荷耗散分量在不同的开关开合方案中是不同的。因此，网络中每次开关交换都会改变节点的负荷耗散分量。若每次支路交换后都依全网潮流结果来更新负荷耗散分量的值势必会大大增加计算量。又由 4.2.3

节的分析可知，支路交换仅对其所在元环的潮流分布产生较大影响，所以元环中各节点的负荷耗散分量可以通过以环顶点为平衡节点(其电压值由全网潮流得到)、以该元环的两条供电路径为子网络的分支潮流计算结果近似得到，即在计算元环中各节点的负荷耗散分量时不需要计算全网潮流，仅计算分支潮流即可。

进一步称节点 k 接于顺(逆)流路径末端时，顺(逆)流路径上所有节点的负荷耗散分量之和为节点 k 的顺(逆)流路径耗散因子 β_k^d(β_k^u)，即

$$\begin{cases} \beta_k^d = \sum_{i \in N_d} \xi_i^d \\ \beta_k^u = \sum_{i \in N_u} \xi_i^u \end{cases} \tag{4.14}$$

式中，N_d 和 N_u 分别为节点 k 顺流和逆流路径上所有节点的集合。

顺(逆)流路径耗散因子反映元环内顺(逆)流供电路径上所有负荷的有功损耗影响。

4.3.2 路径耗散因子的性质

路径耗散因子具有如下两条典型性质。

性质 1 当 $|\beta_k^d| < |\beta_k^u|$ 时，节点 k 由顺流路径供电才能减少元环内的总有功损耗；当 $|\beta_k^d| > |\beta_k^u|$ 时，节点 k 由逆流路径供电才能减少元环的总有功损耗。

性质 2 当且仅当开断开关两端节点的顺流和逆流路径耗散因子大小关系不一致时，元环的总有功损耗最小。

为不失一般性，以如图 4.2 所示的元环证明路径耗散因子的两条性质。根据式(4.9)，若节点 k 由顺流路径 o-d-k 供电，即断开开关 n，顺流路径上的总有功损耗为

$$P_{Lk}^d = \sum_{i \in N_d} \overline{I}_i^n \sum_{l \in L_d} \hat{\alpha}_{li} \overline{I}_l^b r_l \tag{4.15}$$

节点 k 转移为由逆流路径 o-u-k 供电，即断开开关 m，合上开关 n，顺流路径上的总有功损耗为

$$P_{Lk}'^d = \sum_{i \in N_d'} \overline{I}_i^n \sum_{l \in L_d'} \hat{\alpha}_{li} \overline{I}_l'^b r_l \approx \sum_{i \in N_d'} \overline{I}_i^n \sum_{l \in L_d'} \left[\hat{\alpha}_{li} (\overline{I}_l^b - \overline{I}_k^n) \right] r_l \qquad (4.16)$$

式中，N_d'、L_d' 和 $\overline{I}_l'^b$ 分别为节点 k 转移为由逆流路径 o-u-k 供电后顺流路径上的节点编号集合、支路编号集合和支路 l 上的电流值。

节点 k 转移前后，顺流路径上减少的总有功损耗 ΔP_{Lk}^d 为

$$\begin{aligned}
\Delta P_{Lk}^d = P_{Lk}^d - P_{Lk}'^d &= \overline{I}_k^n \sum_{l \in L_d} \hat{\alpha}_{lk} \overline{I}_l^b r_l + \sum_{i \in N_d'} \overline{I}_i^n \sum_{l \in L_d'} \hat{\alpha}_{li} \overline{I}_k^n r_l \\
&= \overline{I}_k^n \cdot \xi_k + \overline{I}_k^n \sum_{i \in N_d'} \xi_i = \overline{I}_k^n \sum_{i \in N_d} \xi_i = \overline{I}_k^n \beta_k^d
\end{aligned} \qquad (4.17)$$

同理，节点 k 转移前后，逆流路径上增加的总有功损耗 ΔP_{Lk}^u 为

$$\begin{aligned}
\Delta P_{Lk}^u = P_{Lk}'^u - P_{Lk}^u &= \sum_{i \in N_u'} \overline{I}_i^n \sum_{l \in L_u'} \hat{\alpha}_{li} \overline{I}_k^n r_l - \overline{I}_k^n \sum_{l \in L_u} \hat{\alpha}_{lk} \overline{I}_l^b r_l \\
&= \overline{I}_k^n \xi_k + \overline{I}_k^n \sum_{i \in N_u'} \xi_i = \overline{I}_k^n \sum_{i \in N_u} \xi_i = \overline{I}_k^n \beta_k^u
\end{aligned} \qquad (4.18)$$

考虑到配电系统中负荷的功率因数均在 0.9 以上(功率因数是滞后的)，并且向量 $\overline{I}_k^n$ 与向量 β_k^d 的夹角 θ_k^d 和向量 $\overline{I}_k^n$ 与向量 β_k^u 的夹角 θ_k^u 相差很小，因此在 $|\overline{I}_k^n|$ 一定时，ΔP_{Lk}^d ($\Delta P_{Lk}^d = |\overline{I}_k^n\| \beta_k^d |\cos\theta_k^d$) 与 ΔP_{Lk}^u 的大小关系取决于 $|\beta_k^d|$ 和 $|\beta_k^u|$ 的大小。当 $|\beta_k^d| < |\beta_k^u|$ 时，有 $\Delta P_{Lk}^d < \Delta P_{Lk}^u$，说明节点 k 由顺流路径供电转移为由逆流路径供电会增加元环内的总有功损耗，因此节点 k 应由顺流路径供电才可以减少元环内的总有功损耗。同理，当 $|\beta_k^d| > |\beta_k^u|$ 时，节点 k 由逆流路径供电才可以减少元环内的总有功损耗。性质 1 成立。

若开关 l 两端节点 i 和 j 的顺流与逆流路径耗散因子具有不同的大小关系，即 $|\beta_k^d| < |\beta_k^u|$ 和 $\beta_k^d > |\beta_k^u|$，则由性质 1，节点 i 由顺流路径供电才可以减少元环内的总有功损耗，节点 j 由逆流路径供电才可以减少元环内的总有功损耗。因此，此时实现了元环内的总有功损耗最小，性质 2 成立。

4.3.3 支路交换的启发式规则

由路径耗散因子的两条性质可以形成新的支路交换启发式规则，

当开断开关两端节点的顺(逆)流路径耗散因子均大于其逆(顺)流值时，说明该元环的负荷分布不均匀，顺(逆)流路径的负荷过重，该元环的开断开关必须向顺(逆)流供电路径方向调整才能减少该元环的有功损耗；当开断开关两端节点的顺流和逆流路径耗散因子大小关系不一致时，说明该元环的负荷分布均匀，不需开关操作。

4.4 算法步骤

以元环为最小可行分析对象，利用路径耗散因子的性质和新的启发式规则，构造配电网重构的改进支路交换算法。图 4.3 为算法的流程图，其步骤如下。

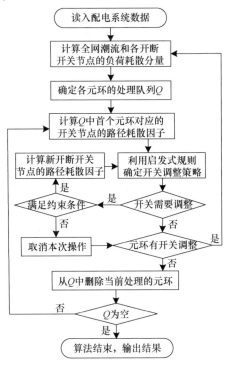

图 4.3 配网重构的算法流程图

① 读入配电系统的基本数据。

② 进行全网潮流计算，形成元环并计算各元环开断开关两端节点的负荷耗散分量，将各开断开关两端节点的负荷耗散分量之差按模

值从大到小的顺序确定各元环的处理队列 Q。

③ 计算队列 Q 中首个元环对应的开断开关两端节点的路径耗散因子。

④ 根据路径耗散因子的性质 2，确定该元环的开关是否调整。若不调整，转步骤⑥；否则，依性质 1 确定开关调整方向，并对调整后该元环形成的新结构进行分支潮流计算，转步骤⑤。

⑤ 检验该元环的支路容量和节点电压等约束条件。若不满足约束，取消本次开关调整方案，恢复上次的配网结构，转步骤⑥；若满足约束，则计算该元环中新的开断开关节点的路径耗散因子，转步骤④。

⑥ 若该元环出现开关调整，转步骤②；否则，从队列 Q 中删除该元环。此时，若队列 Q 为空，则转步骤⑦；否则，转步骤③。

⑦ 重构算法结束，输出结果。

4.5　算 例 分 析

对 IEEE 69 节点配电系统进行仿真计算。该系统的网络结构、支路及节点数据参见附录 B，系统总有功负荷为 3802.19kW，总无功负荷为 2694.60kvar。仿真计算中取系统基准容量为 10MV·A，基准电压为 12.66kV。

首先，根据元环的定义，确定该测试系统初始状态的元环为 [3|66-11|3]、[13|21-13|13]、[3|69-15|3]、[4|49-39|4]和[9|27-55|9]。

根据初始网络结构数据，利用前推回代法计算全网潮流，表 4.3 为在初始状态下全网各支路的支路潮流数据。

然后，依据潮流计算结果计算各元环中开断开关两端节点的负荷耗散分量，通过比较各开断开关两端分量差的模值确定元环的处理顺序，如表 4.4 所示。

对于处理队列中的首个元环[4|49-39|4]，由表 4.4 可见开断开关 49-39 两端节点(节点 39 和 49)的顺流路径耗散因子的模值都明显大于其逆流路径耗散因子的模值，依据路径耗散因子的性质 1，节点 39 和 49 应由逆流路径供电，开关向顺流路径方向调整，即合上开关 39-49，

表 4.3　IEEE 69 节点配电系统支路潮流

支路	支路潮流/MV·A	支路	支路潮流/MV·A	支路	支路潮流/MV·A
1-2	4.03+j2.80	24-25	0.03+j 0.02	36-37	0.85+j 0.61
2-3	4.03+j 2.80	25-26	0.03+j 0.02	37-38	0.77+j 0.55
3-4	3.75+j 2.60	26-27	0.01+j 0.01	38-39	0.38+j 0.27
4-5	2.90+j 1.99	3-40	0.19+j 0.13	8-41	0.04+j 0.03
5-6	2.90+j 1.99	40-60	0.16+j0.11	41-42	0.00+j 0.00
6-7	2.87+j 1.97	60-61	0.13+j 0.09	9-43	1.86+j 1.28
7-8	2.80+j 1.93	61-62	0.13+j 0.09	43-44	1.85+j 1.27
8-9	2.67+j 1.84	62-63	0.11+j 0.07	44-45	1.81+j 1.25
9-10	0.78+j 0.54	63-64	0.09+j 0.06	45-46	1.78+j 1.23
10-11	0.78+j 0.51	64-65	0.08+j0.06	46-47	1.77+j 1.23
11-12	0.57+j 0.38	65-66	0.08+j 0.06	47-48	1.72+j 1.21
12-13	0.36+j 0.24	66-67	0.08+j 0.05	48-49	1.70+j 1.20
13-14	0.35+j 0.23	67-68	0.08+j 0.05	49-50	1.59+j 1.13
14-15	0.34+j 0.23	68-69	0.04+j 0.03	50-51	1.58+j 1.12
15-16	0.34+j 0.23	3-28	0.09+j 0.07	51-52	0.32+j 0.23
16-17	0.30+j 0.20	28-29	0.07+j 0.05	52-53	0.29+j 0.20
17-18	0.24+j 0.16	29-30	0.04+j 0.03	53-54	0.29+j 0.20
18-19	0.18+j 0.13	30-31	0.04+j 0.03	54-55	0.06+j 0.04
19-20	0.18+j 0.13	31-32	0.04+j 0.03	11-56	0.04+j 0.03
20-21	0.18+j 0.12	32-33	0.04+j 0.03	56-57	0.02+j 0.01
21-22	0.06+j 0.04	33-34	0.03+j 0.02	12-58	0.06+j 0.04
22-23	0.06+j 0.04	34-35	0.01+j 0.00	12-59	0.03+j 0.02
23-24	0.06+j 0.04	4-36	0.85+j 0.61		

表 4.4　初始元环处理顺序

元环	开断开关	顺流负荷耗散分量/p.u.	逆流负荷耗散分量/p.u.	负荷耗散分量差/p.u.	处理顺序
[3|66-11|3]	66-11	0.00076−j 0.00052	0.02405−j 0.01651	0.02329−j 0.01599	4
[13|21-13|13]	21-13	0.00869−j 0.00579	0	0.00869−j 0.00579	5
[3|69-15|3]	69-15	0.00082−j 0.00055	0.03052−j 0.02078	0.02971−j 0.02023	3
[4|49-39|4]	49-39	0.05812−j 0.04029	0.00206−j 0.00148	0.05606−j 0.03881	1
[9|27-55|9]	27-55	0.01907−j 0.01284	0.05356−j 0.03742	0.03448−j 0.02458	2

断开开关48-49。对该元环形成的新结构进行分支潮流计算，并依据分支潮流的结果计算新开断开关节点 48 的路径耗散因子，比较节点 48 和 49 的路径耗散因子，发现此时两节点的路径耗散因子满足性质 2，因此该元环的支路交换操作结束。在当前状态下，合上开关39-49、断开开关48-49 可以满足元环[4|49-39|4]的有功损耗最小(表 4.5)。

表 4.5　元环[4|49-39|4]各节点的路径耗散因子

节点	顺流路径耗散因子/p.u.	逆流路径耗散因子/p.u.	供电路径
39	0.36625–j 0.25158	0.00442–j 0.00317	逆流路径
49	0.30310–j 0.20920	0.04415–j 0.03206	逆流路径
48	0.03691–j 0.02559	0.07357–j 0.05332	顺流路径

在新的网络结构下重新计算全网潮流和各元环中开断开关两端节点的负荷耗散分量，通过比较各开断开关两端分量差的模值确定元环的处理顺序，如表 4.6 所示。

表 4.6　第二次元环处理顺序

元环	开断开关	顺流负荷耗散分量/p.u.	逆流负荷耗散分量/p.u.	负荷耗散分量差/p.u.	处理顺序
[3|66-11|3]	66-11	0.00142+j 0.00046	0.01410–j 0.002601	0.01268–j 0.00307	5
[13|21-13|13]	21-13	0.01275+j 0.00070	0	0.01275+j 0.00070	4
[3|69-15|3]	69-15	0.00153+j 0.00049	0.02543–j 0.00490	0.02390–j 0.00539	3
[4|48-49|4]	48-49	0.00819–j 0.00010	0.05839+j 0.01796	0.05020+j 0.01896	1
[9|27-55|9]	27-55	0.03327–j 0.00377	0.07361+j 0.01449	0.04034+j 0.01826	2

对于处理队列中的首个元环[4|49-39|4]，由上一次的调整可知在其他元环的结构不发生改变时，该元环已经满足有功损耗最小的最优状态，因此不需要再进行计算，而取处理队列中的第二个元环[3|69-15|3]进行支路交换计算。由表 4.6 可见，开断开关 69-15 两端节点(节点 69 和 15)的逆流路径耗散因子的模值都明显大于其顺流路径耗散因子的模值，依据路径耗散因子的性质 1，节点 69 和 15 应由顺流路径供电，开关向逆流路径方向调整，即合上开关69-15，断开开关15-14。对该元环形成的新结构进行分支潮流计算，分支潮流计算结果如表 4.7 所示。

表 4.7　元环[3|69-15|3]的分支潮流计算结果

支路	支路潮流/MV · A	支路	支路潮流/MV · A	支路	支路潮流/MV · A
3-4	3.75+j 2.60	11-12	0.57+j 0.38	62-63	0.11+j 0.07
4-5	2.90+j 1.99	12-13	0.36+j 0.24	63-64	0.09+j 0.06
5-6	2.90+j 1.99	13-14	0.35+j 0.23	64-65	0.08+j0.06
6-7	2.87+j 1.97	14-15	0.34+j 0.23	65-66	0.08+j 0.06
7-8	2.80+j 1.93	3-40	0.19+j 0.13	66-67	0.08+j 0.05
8-9	2.67+j 1.84	40-60	0.16+j 0.11	67-68	0.08+j 0.05
9-10	0.78+j 0.54	60-61	0.13+j 0.09	68-69	0.04+j 0.03
10-11	0.78+j 0.51	61-62	0.13+j 0.09		

依据分支潮流的结果计算新开断开关节点 14 的路径耗散因子，比较节点 15 和 14 的路径耗散因子，发现此时两节点的路径耗散因子(如表 4.8 所示)满足性质 2，因此该元环的支路交换操作结束。

表 4.8　元环[3|69-15|3]各节点的路径耗散因子

节点	顺流路径耗散因子/p.u.	逆流路径耗散因子/p.u.	供电路径
69	0.00970+j 0.00336	0.11442–j 0.00317	顺流路径
15	0.12335+j 0.01723	0.13959–j 0.02523	顺流路径
14	0.15532+j 0.02054	0.06415–j 0.01123	逆流路径

同理，再次在新的网络结构下计算全网潮流和各元环中开断开关两端节点的负荷耗散分量，通过比较各开断开关两端分量差的模值确定元环的处理顺序如表 4.9 所示。

表 4.9　第三次元环处理顺序

元环	开断开关	顺流负荷耗散分量/p.u.	逆流负荷耗散分量/p.u.	负荷耗散分量差/p.u.	处理顺序
[3|66-11|3]	11-66	0.00650+j 0.00205	0.00861–j 0.00166	0.00212–j 0.00370	4
[13|21-13|13]	13-21	0.01803+j 0.00421	0.00995–j 0.00206	0.00808+j 0.00628	3
[3|14-15|3]	15-14	0.01068+j 0.00296	0.01001–j 0.00208	0.00067+j 0.00504	5
[4|49-39|4]	48-49	0.00545–j 0.00074	0.05839+j 0.01796	0.05294+j 0.01870	2
[9|27-55|9]	27-55	0.01851+j 0.00407	0.07361+j 0.01449	0.05510+j 0.01042	1

　　对于处理队列中的首个元环[9|27-55|9]，由表 4.10 可见开断开关 27-55 两端节点(节点 27 和 55)的逆流路径耗散因子的模值都明显大于其顺流路径耗散因子的模值，依据路径耗散因子的性质 1，节点 27 和 55 应由顺流路径供电，开关向逆流路径方向调整，即合上开关 27-55，断开开关 55-54。对该元环形成的新结构进行分支潮流计算，并依据分支潮流的结果计算新开断开关节点 54 的路径耗散因子，比较节点 54 的路径耗散因子，发现此时仍不满足性质 2，因此需要在该元环中继续执行的支路交换操作。从表 4.10 可见，直到开关交换至 52-51 时，开断开关两端节点的路径耗散因子才能满足性质 2，即此时支路交换操作结束。需要说明的是，由于节点 53 的负荷为零，该节点的顺流路径耗散因子和逆流路径耗散因子均为零，实际处理时可以不用考虑该类节点的供电路径，直接处理其负荷不为零的相邻节点。

表 4.10　元环[9|27-55|9]各节点的路径耗散因子

节点	顺流路径耗散因子/p.u.	逆流路径耗散因子/p.u.	供电路径
27	0.26558+j 0.06904	0.53257+j 0.01253	顺流路径
55	0.29341+j 0.07612	0.50127+j 0.03944	顺流路径
54	0.33556+j 0.08975	0.46652+j 0.02470	顺流路径
53	0	0	—
52	0.37203+j 0.10278	0.40128+j 0.03799	顺流路径
51	0.51214+j 0.13477	0.29226+j 0.06380	逆流路径

　　重新计算全网潮流，求得各元环的处理次序，以及各元环的开关操作方案。在基本环开断开关两端节点的计算中，发现此时各开断开关两端节点的负荷耗散分量都满足性质 2 的要求，因此所有基本环都不需要进行开关操作，全网有功损耗达到最优。

　　利用本章方法得到的整体寻优过程如表 4.11 所示。由此可见，利用本章方法在寻优过程中，系统的总有功损耗单调下降，且在寻优初期系统的有功损耗降低速度很快，满足哪里最不平衡就先调整哪里的直观原则，并且整个寻优过程仅需要 6 次开关交换，没有出现重复性调整的过程。

表 4.11　寻优过程和结果

序号	处理的元环	闭合开关	开断开关	有功损耗/kW
1	[4|49-39|4]	39-49	48-49	135.0206
2	[3|69-15|3]	15-69	14-15	124.2728
3	[4|27-55|4]	27-55	54-55	118.2690
4	[4|55-54|4]	54-55	53-54	105.2643
5	[4|54-53|4]	53-54	52-53	105.2643
6	[4|53-52|4]	52-53	51-52	104.7497

　　表 4.12 为由本章方法得到的最终重构结果。由此可见，本章算法得到的重构结果使有功网损由重构前的 226.05kW 下降到重构后的 104.75kW，与基于负荷受电路径的电气剖分法[80]得到的结果相同，都可以寻得全局最优解，比基于负荷均衡思想的二次电流矩法[79]具有更好的重构效果。

表 4.12　重构结果

参数	开断支路	有功损耗/kW
重构前	11-66, 13-21, 15-69, 39-49, 27-55	226.05
重构后	11-66, 13-21, 48-49, 14-15, 51-52	104.75

　　表 4.13 给出了二次电流矩法、电气剖分法和本章方法的全网潮流计算次数。本章方法在元环内的支路交换过程中所用的路径耗散因子都是基于分支潮流求得，不需要依据全网潮流计算结果。只有当对一个元环的寻优结束，并且该元环的网络结构发生改变时才需要重新进行一次全网潮流计算。从表 4.11 的整体寻优过程可见，本章方法在重构过程中仅在前 3 次的寻优过程中各需要计算一次全网潮流(后 3 次寻优过程仅需计算分支潮流)，比二次电流矩法的 6 次、电气剖分法的 7 次全网潮流计算都要少，本章方法的寻优效率高。

表 4.13　全网潮流计算比较

方法	二次电流矩法	电气剖分法	本章方法
全网潮流计算次数	6	7	3

4.6 小　　结

在耗散功率转归分量理论的基础上，本章探讨了负荷与支路有功损耗的内在关系，并通过分析辐射型配电网节点阻抗矩阵元素的特点和负荷转移对不同支路有功损耗的影响差异，提出一种求解配电网重构的改进支路交换算法。本章方法具有以下优势。

① 提出并证明元环为配网重构的最小可行分析对象，使配电网重构从全网角度分析转变成结构更小的元环进行分析，降低了求解问题的维数和难度。

② 负荷耗散分量和路径耗散因子基于负荷与有功损耗的关系推导得到，能够准确衡量负荷对元环路径有功损耗的影响，并且负荷耗散分量和路径耗散因子仅需依据元环中的分支潮流计算便可得到，计算量小。

③ 基于路径耗散因子性质的启发式规则物理意义清晰准确，分别从定性和定量两个角度描述负荷对供电路径有功损耗的影响，依据该启发式规则的重构过程开关操作次数少，重构结果能够达到最优。

④ 所提算法全网潮流计算次数少，得到最优重构方案的速度快，可以应用于大型的辐射型配电系统的网络重构，具有很好的实用价值。

第5章 考虑风电随机性的配电网重构场景模型和算法

5.1 概　述

近年来，分布式电源(distributed generation，DG)，特别是风力发电在我国得到迅速发展。这些新型电源为缓解当前电力紧张、改善我国的能源结构作出了巨大的经济贡献，并产生了良好的社会效益，但同时这些新型电源的并网也给传统电网带来新的问题和挑战。

DG 并网后，传统的基于支路交换、最优流、动态规划理论、网络特征分析和人工智能理论的配电网重构方法不能完全适用，具体有两个方面的原因：一方面是 DG 并网后配电网由简单的辐射型网络变成了多电源的弱环网络，这完全打破了传统配电网重构对网络呈辐射状的结构要求；另一方面是一些分布式电源的出力具有很强的随机性和间歇性，这会对系统的运行状态产生不确定性影响。目前，专门讨论 DG 对配电网重构影响的文献较少。文献[157]～[159]提出在重构过程中把 DG 的出力看成简单的负荷需求，忽视 DG 有功出力和无功需求随机变化的特点，以此简化DG引起的网络结构和能量响应的变化。文献[160]在允许有意识孤岛运行的前提下提出一种配电网故障恢复策略，分析了 DG 能量变化对孤岛支撑的影响，为含 DG 的配电网重构作了有益尝试。

风电出力的随机性使含风电的配电网重构难以用传统模型来描述。本章构造了含风电的配电网重构的场景模型。该模型基于场景分析法并通过场景选择和场景电压来描述风电的随机出力及其影响，新模型能适应多风电和多风电场同时接入系统的情况；提出一种适用于含风电的配电网重构场景模型的高效遗传算法。通过无不可行码的编码规则、初始种群产生、交叉操作和优生操作，使进化中只产生切合配电网实际的可行解。新算法在进化过程中基于场景电压进行物理寻优大大减少了寻优时间和对初始种群的依赖。仿真计算结果验证了本章模型和算法的有效性。

5.2　含风电机组配电网重构的特点

含风电机组的配电网与传统配电网在结构和运行方式上有较大的区别，具体表现在以下三个方面。

① 风电机组出力的随机性。风电机组不同于一般的系统侧电源，其出力既受机组本身额定容量的限制，又受机组安装点风能分布的影响，并且风速变化相对于负荷更加频繁且难以精确预测。风电机组的随机出力使线路潮流和系统有功损耗呈现多变性。不同的出力状态可能对应不同的有功损耗最小结构，这样在一种确定环境下得到的重构方案，在其他环境下不一定是最优方案，有时甚至还会是一种危险系统安全稳定运行的不可行方案。这就要求在配电网重构模型中必须能够计及这种不确定因素的影响。

② 供电形式的多样性。风电机组的并网使配电网由简单的辐射型网络变成多电源的弱环网络，用户可由常规电源和风电机组同时供电，也可由风电机组形成孤岛运行。如图 5.1 所示，若开关 $S1$-$S5$ 全部合上，系统电源与风电机组形成"双源回路"运行；若 $S1$-$S4$ 任一开关打开，部分负荷与系统隔离，风电机组对失电负荷直接供电，形成"有源孤岛"运行；若开关 $S5$ 打开，风电机组与系统侧完全断开，不参与运行。风电机组引起的供电形式多样性完全打破了传统配电网重构对网络辐射状运行的结构要求，系统可以运行在"回路"或"孤岛"等极端条件。从风电机组在系统中的能量主导作用来看，风电机组同时具有电源和负荷的双重特性。当形成回路运行时，风电机组的能量影响弱于常规电源，表现出部分负荷特性；当形成孤岛运行时，风电机组等同于常规电源，表现出完整的电源特性。

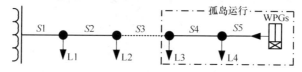

图 5.1　含风电机组的孤岛形成示意

③ 无功补偿的动态化。额定容量在 10MW 以内的风电机组通常以异步发电机作为接口并入电网。当形成"双源回路"运行时,风电机组通过电网电源激磁发电,但当形成"有源孤岛"运行时,由于本身没有励磁系统,为满足异步电机在全电路呈电感性时才能发电的要求,必须并联电容器组。同时,考虑风电机组接入点电压水平和功率因数的要求,要求在接入一定负载的同时也要并联一定容量的电容器组。并联电容器组的无功补偿容量 Q_C 与风电机组吸收的无功 Q_w、负载的无功需求,以及投运组数 N_C 的整数约束动态相关。因此,它是随重构方案的不同而动态变化的。特别是,当形成"有源孤岛"运行时,并联电容器组的无功补偿容量直接影响风电机组的能量辐射范围和对"孤岛"的电压支撑能力。风电机组的无功补偿是风电机组区别于其他电源和负荷的重要方面,是一种被动的强迫性补偿。

5.3 含风电的配电网重构策略

风电不同于一般的系统电源,其出力既受机组本身技术参数的限制,又受安装点风能分布的影响,并且风速变化相对于负荷更加频繁且难以精确预测。风电的随机出力使系统潮流和有功网损呈现不确定性。不同的出力可能对应不同的有功网损最小结构,这样在一种确定出力条件下得到的重构方案,在其他出力状态下不一定是最优方案,有时甚至还会是一种威胁系统安全稳定运行的不可行方案。这就要求,在配电网重构模型中必须能够计及这种不确定因素的影响。

场景分析是解决随机性问题的一种有效方法。场景分析的实质就是通过将难以用数学模型表示的不确定性因素转变为较易求解的多个确定性场景问题来处理,从而避免建立十分复杂的随机性模型,降低建模和求解的难度。为着重突出风电对网络重构的影响,场景划分仅考虑风电机组输出功率的随机特性。

5.3.1 单个风电的场景策略

风电的输出功率随风能而具有随机性和间歇性。按统计学理论,风电功率可以运用确定出力下的概率来描述。根据风速的统计规律来描述一个地区风速分布规律的函数有多种。本章基于 Weibull 分布进行分析，其原理同样适用于其他风速分布规律。

Weibull 分布的分布函数为

$$F(v) = 1 - \exp[-(v/c)^k] \tag{5.1}$$

式中，c 和 k 分别为尺度参数和形状参数，可以应用极大似然法[161]根据实测的风速数据求解。

风电输出功率 P_w 与风速 v 的函数关系可近似描述为

$$P_w = \begin{cases} 0, & v < v_{ci} \text{ 或 } v \geqslant v_{co} \\ k_1 v + k_2, & v_{ci} \leqslant v < v_r \\ P_r, & v_r \leqslant v < v_{co} \end{cases} \tag{5.2}$$

式中，$k_1 = P_r / (v_r - v_{ci})$；$k_2 = -k_1 v_{ci}$；$P_r$ 为风电的额定容量；v_{ci}、v_r 和 v_{co} 分别为切入风速、额定风速和切出风速。

由式(5.2)可以看出，风电机组的运行存在停机状态、欠额定状态和额定状态。停机状态输出功率为零；欠额定状态对应的输出功率介于零和额定值之间，输出功率值与风速大小有关；额定状态对应的输出功率为风机的额定有功功率。因此，可以将风电机组输出功率模式分为 3 个典型的场景，即零输出场景、欠额定输出场景和额定输出场景。这 3 种典型场景的概率 p_1、p_2 和 p_3 分别为

$$\begin{cases} p_1 = 1 - [F(v_{co}) - F(v_{ci})] \\ p_2 = F(v_r) - F(v_{ci}) \\ p_3 = F(v_{co}) - F(v_r) \end{cases} \tag{5.3}$$

对于零输出场景和额定输出场景，其场景功率 $\overline{P}_{w1}$ 和 $\overline{P}_{w3}$ 分别为 0 和 P_r。对于欠额定输出场景，考虑到 Weibull 分布的非线性特性，其场景功率 $\overline{P}_{w2}$ 不能简单取为其输出功率的中间值，取为该场景下输出功率的期望值更具有意义，即

$$\overline{P}_{w2} = E(P_{w2}) = \int_0^{P_r} P_w \frac{k}{k_1 c} \left(\frac{P_w - k_2}{k_1 c}\right)^{k-1} \exp\left[-\left(\frac{P_w - k_2}{k_1 c}\right)^k\right] \mathrm{d}P_w \tag{5.4}$$

需要说明的是，在实际工程中为更准确反映风电对重构的影响，

还可以将欠额定输出场景进一步细分为多个小场景，相应的场景概率和场景功率可以由式(5.3)和式(5.4)计算得到。

5.3.2　多个风电的场景策略

在典型的风电并网的配电网中一般存在多个风电机组和风电场，不同风电机组的结构参数，以及不同风电场的风速分布一般有明显的不同，因此需要对多风电接入配电网的情况加以分析。

1. 风电场场景的划分

若多个风电由同一风电场接入配电网，考虑同一风电场的风速差异不大，可以假定各风电的风速分布相同。同时，考虑到各风电参数中额定容量、切入风速、额定风速和切出风速的差异，风电场的场景可以依据各风电机组每个场景对应的风速区间进行划分，即将所有风电机组单个场景之间共有的风速区间划分为一个风电场场景(若风电场只接有一台风机，则风电场场景与该风机的场景一致)。风电场各场景的场景概率为该场景所对应的风速区间的概率；风电场各场景的场景功率为各台风电机组在该场景中输出功率的期望值之和，即

$$p_{ik,O} = F(v_{ik,L}) - F(v_{ik,H}) \tag{5.5}$$

$$\overline{P}_{ik,O} = \sum_{j \in \Omega_i} \overline{P}_{jk} \tag{5.6}$$

式中，$p_{ik,O}$ 和 $\overline{P}_{ik,O}$ 分别为风电场 i 场景 k 的场景概率和场景功率；$v_{ik,L}$ 和 $v_{ik,H}$ 分别为风电场 i 场景 k 对应的风速区间的最小值和最大值；$\overline{P}_{jk}$ 为风电机组 j 在风电场场景 k 中输出功率的期望值；Ω_i 为接入点 i 连接风电机组的集合。

图 5.2 为两台划分为零输出、欠额定和额定输出三个场景的风电机组由同一风电场接入配电网时，风电场场景划分示意图。根据两台风电各场景之间的共有风速区间，该风电场划分为 I-VII 七个场景。风电场场景 II(斜线叠加部分)由风机 1 的欠额定场景(右斜线部分)和风机 2 的零输出场景(左斜线部分)的共有风速区间构成。

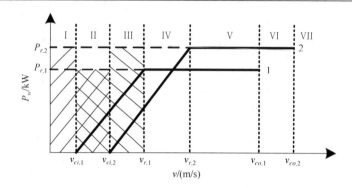

图 5.2　两台风电机组的场景划分

2. 系统场景的划分

若多个风电由多个风电场接入配电网，考虑到各风电场风速的独立性，整个系统的场景可以由各风电场场景组合得到(若系统只有一个风电场，则风电场场景就为系统场景)。此时，系统场景数为各风电场场景个数的乘积；各系统场景的概率为构成该场景的各风电场场景概率的乘积；各系统场景的场景功率为构成该场景的各风电场场景功率，即

$$N_T = \prod_{j \in N_w} N_{j,O} \tag{5.7}$$

$$p_{i,T} = \prod_{j \in N_w} p_{ji_j,O} \tag{5.8}$$

$$\overline{P}_{i,T} = [\overline{P}_{1i_1,O}, \overline{P}_{1i_2,O}, \cdots, \overline{P}_{N_w i_{N_w},O}] \tag{5.9}$$

式中，N_T 为系统场景数；$N_{j,O}$ 为风电场 j 的场景数；N_w 为风电场的个数；$p_{i,T}$ 和 $\overline{P}_{i,T}$ 分别为系统场景 i 的场景概率和场景功率；i_j 为风电场 j 构成系统场景 i 时对应的场景编号。

由式(5.9)可见，系统场景功率是由风电场场景功率构成的向量。

5.3.3　场景电压

场景划分后，单一场景下的系统状态量(电压、电流、有功网损等)仅能反映当前场景功率的能量影响，并不能表征全场景(所有场景)下系统整体的状态特征。因此，需要对各场景的系统状态量进行综合考虑，构造能反映全场景功率影响的系统状态量。

对于辐射型配电网，任一支路的有功损耗近似与该支路末端节点的电压幅值平方成反比。因此，各场景下支路(全网)的有功损耗可以通过该场景下的节点电压表达。同时，全场景下支路(全网)的有功损耗是各场景有功损耗与其概率乘积的累加和。因此，可以构造场景电压 $\overline{V}_i$ 来表达全场景功率影响下支路 i 的有功网损，其值为所有场景单独作用时支路 i 末端节点电压幅值 V_{ij} 的平方与其场景概率 p_j 乘积的累加和的平方根，即

$$\overline{V}_i = \sqrt{\sum_{j \in m} p_j V_{ij}^2} \tag{5.10}$$

式中，m 为场景个数。

全场景下全网的有功损耗也可以通过场景电压来表达，因此场景电压能够体现风电在不同场景功率下对系统状态和有功网损的综合影响。

5.3.4 风电机组的无功补偿策略

额定容量在 1MW 内的风电机组通常为异步发电机，当电网对它的无功负荷能力不足时，风电机组必须进行无功补偿才能正常发电[166]。同时，风电机组工作在发电状态时要消耗大量无功，为避免系统的安全稳定运行受到威胁，也要求必须进行无功补偿。不同于无功优化中的无功补偿，风电机组的无功补偿是出于系统稳定可靠运行的需要，是一种被动的补偿。风电机组的被动无功补偿是它区别于其他电源和负荷的重要特性。

风电机组通常并联电容器组进行无功补偿。并联电容器组的无功补偿容量 Q_C 与风电机组的输出功率 P_w、无功需求 Q_w、机端电压，以及投运组数的整数约束相关，是一个随重构方案动态变化的物理量。本章以风电机组接入点满足一定功率因数为补偿目标。为使接入点 w 的功率因数由 F_w^0 提高到 F_w(功率因数均是滞后的)，并联电容器的无功补偿容量 Q_C 为

$$Q_C = P_w \left(\sqrt{(1/F_w^0)^2 - 1} - \sqrt{(1/F_w)^2 - 1} \right) \tag{5.11}$$

考虑到电容器组数只能是整数，电容器组的无功补偿容量 Q_C 为

$$Q_C = \mathrm{INT}(Q_C / Q_V)Q_V \tag{5.12}$$

式中，$\mathrm{INT}(\cdot)$ 为取整运算；Q_V 为并联电容器在相应额定电压下的单位容量。

5.4　含风电的配电网重构的场景模型

5.4.1　目标函数

以最小化系统有功网损为优化目标，建立基于风电机组典型场景的配网重构模型为

$$\min E(L) = \min \sum_{j \in m} p_j L_j \tag{5.13}$$

式中，$E(L)$ 为系统有功网损期望值，由它确定的方案是系统不同场景下整体意义上的最优；L_j 为场景 j 时的系统有功网损，即

$$L_j = \sum_{i \in l} k_i r_i (P_{ij}^2 + Q_{ij}^2) / V_{ij}^2 \tag{5.14}$$

式中，l 为支路总数；k_i 为支路 i 上开关的状态变量，$k_i = 0$ 表示断开，$k_i = 1$ 表示闭合；r_i 为支路 i 的电阻；P_{ij} 和 Q_{ij} 分别为场景 j 时支路 i 上流过的有功功率和无功功率。

5.4.2　约束条件

各个场景除满足无"回路"和"孤岛"的网络结构约束外，还必须满足以下约束条件。

(1) 潮流方程等式约束

潮流方程等式约束中把单个场景下的风电出力直接当做负荷处理，即各场景下风电的有功负荷等于负的场景功率，无功负荷等于其无功需求减去其无功补偿容量。其中无功补偿容量由功率因数约束、并联电容器的单组容量和投运组数确定[167]。

(2) 支路传输功率约束

$$k_i S_i \leqslant S_i^{\max}, \quad i = 1, 2, \cdots, l \tag{5.15}$$

(3) 节点电压约束

$$V_i^{\min} \leqslant V_i \leqslant V_i^{\max}, \quad i = 1, 2, \cdots, n \tag{5.16}$$

(4) 风电接入点的功率因数约束

$$F_w^{\min} \leqslant F_w \leqslant F_w^{\max} \tag{5.17}$$

式中，S_i 和 $S_i^{\max}$ 分别为支路 i 的输送功率和该支路的输送功率上限；n 为节点总数；V_i、$V_i^{\max}$ 和 $V_i^{\min}$ 分别为节点 i 的电压及其上下限值；F_w 为风电接入点 w 的功率因数；$F_w^{\min}$ 和 $F_w^{\max}$ 分别为其上下限值。

5.5 求解重构场景模型的高效遗传算法

含风电的配电网重构的场景模型是大规模、非线性、混合整数规划问题。鉴于遗传算法在解决高维空间、高复杂及非线性优化问题中具有的全局最优、效率高等优点，本章提出一种针对该模型的高效遗传算法，并以图 5.3 所示的修改的 IEEE 16 节点配电系统为例，说明本章算法的流程。图 5.3 共有 15 个开关，其中开关 11、16 和 20 根据简化原则永远闭合，不对其进行编码和操作。

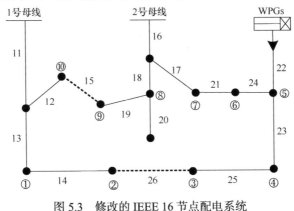

图 5.3 修改的 IEEE 16 节点配电系统

5.5.1 染色体编码

编码中染色体长度等于支路数，基因位的取值为支路编号。对于简化后含 n 个节点，l 条支路的配电系统，前 $n-1$ 个元素构成的树枝集合 N_b 表示开关闭合的支路号，余下的 $l-n+1$ 个元素构成的连枝集合 N_c

表示开关断开的支路号。

在该编码方式中，连枝数目和环网数目一致，因此可以通过合理的种群产生方法使所有个体树枝部分对应的网络结构均为辐射状。

5.5.2 初始种群生成

为满足初始种群中所有个体都是可行解，并使初始种群维持较好的种群多样性，采用以下策略产生初始种群。

① 令 $N_b = \phi$，$N_c = \phi$，N 为所有支路编号的集合，D 为母线节点编号的集合。

② 在 N 中任取一条含有 D 中节点编号的支路。若该支路与 N_b 形成回路，则把该支路加入 N_c；否则，把该支路加入 N_b，并将该支路的另一节点加入 D，从 N 中剔除该支路。

③ 若 N_b 中支路数小于 $n-1$，则重复步骤②；否则，把 N 中的剩余支路全部加入 N_c，即完成一个个体的产生。

④ 重复上述步骤①～③，直到生成规定规模的初始种群。

5.5.3 交叉操作

染色体在交叉后仍然保持辐射状结构是遗传算法运用于配电网重构的关键。传统的交叉策略没有考虑到配电网重构的实际，交叉操作后会产生大量的不可行解。为避免不可行解的产生，本章提出一种新的交叉策略。

① 从初始种群中随机选取 2 个个体，任意选定其中一个为父本，另一个为母本。在染色体总长的 $N_L\%$ 和 $N_H\%(N_H > N_L)$ 之间随机选定基因位 N_r 为交叉位，并将父本中前 N_r 个基因直接复制至子代。

② 剔除母本中与子代相同的基因，并将母本中剩余基因依次逐个与子代拓扑结构比较，若形成环网，则将基因加入子代的 N_c；否则，加入子代的 N_b。重复上述操作，直至母本中无剩余基因。

利用上述交叉操作不但有效保留了父本中部分呈辐射状的支路，而且得到的子代避免了不可行解的存在。图 5.4 为交叉操作形成子代的过程。

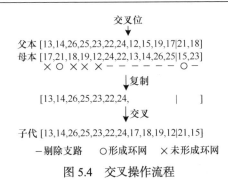

图 5.4 交叉操作流程

5.5.4 优生操作

优生操作包括子代的局部寻优和风电并网评估。局部寻优就是通过改变子代个体的连枝来寻找最优的个体。风电并网评估则是在最优个体中评估风电的并网效果以确定其是否投运。具体步骤如图 5.5 所示，描述如下。

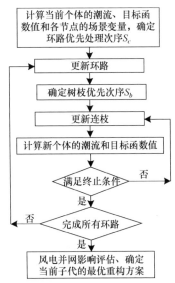

图 5.5 优生策略计算流程

① 取交叉操作得到的子代为当前个体，计算该个体的系统潮流和场景电压。分别单独合上该个体的连枝，形成 $l-n+1$ 个环路。按各环路内最低场景电压由低到高的顺序确定环路优先次序 S_c。

② 依次从 S_c 中选定一环路。环路内各树枝按其末节点场景电压由低到高的顺序确定树枝优先次序 S_b。

③ 依次在S_b中选定一树枝执行开关互换操作，即把选定树枝作为当前环路的连枝形成新个体。计算新个体的目标函数值，若新个体优于当前个体，则用新个体取代当前个体，继续执行开关互换操作；若新个体不优于当前个体或所有开关已全部互换，则停止对该环路的局部寻优。

④ 对所有环路重复步骤②和③，得到的当前个体即为局部最优个体。

⑤ 解列局部最优个体中的风电机组和相应的无功补偿设备，重新计算该个体的目标函数值，取解列前后的最优结构为该子代对应的重构方案。

对于图 5.4 中的子代有两个环路，环路 1 为 11-13-14-26-25-23-24-21-17-16，其最低场景电压为 0.938p.u.，环路 2 为 11-12-15-19-18-16，其最低场景电压为 0.969p.u.。因此先处理环路 1 再处理环路 2。对于环路 1，节点 1～7 的场景电压依次为{0.962,0.957,0.948,0.944,0.940,0.938,0.977}，因此支路处理次序为{21,24,23,25,26,14,13,17}。由于支路 23 和 25 开关互换操作后，系统有功网损没有减少，因此此时停止该环路的开关互换操作，该环路支路开关互换操作后的结果是支路 23 更新为连枝。对环路 2 执行相同操作。最后得到的最优个体为[13,14,26,25,22,24,21,17,18,19,12|23,15]。再断开连接风电的支路 22，得到的系统有功网损比风电接入时大，因此风电接入系统，且网络结构为[13,14,26,25,22,24,21,17,18,19,12|23,15]的重构方案为由当前的子代得到的最优重构方案。

5.5.5 终止条件

本章算法在进化的子代中基于环路内的场景电压进行物理寻优，并不需要对初始种群内所有个体进行交叉和优生操作。当最优的重构方案连续 K 次未改进时，算法结束；否则，继续在初始种群中随机选择父本和母本进行交叉和优生操作。

5.5.6 多场景潮流计算的简化

当多风电接入配电网时，系统场景个数一般较多，而以式(5.13)为基础的网络重构方案的优劣评估必须计算每个场景的潮流，因此如果直接计算各场景的潮流，必然会使计算效率不高。

考虑到配电网中风电接入容量的有限性[12]，系统运行状态发生较大变化的区域一般仅集中在风电场接入点附近，其他区域的运行状态变化不大。同时，在特定的无功补偿方案下，对于风电场场景功率相当的两个系统场景，其风电功率的影响相差不大，因此它们对应的系统状态具有更大的相似性。本章约定当两个系统场景的场景功率向量有且仅有一个元素不同时，这两个系统场景具有相似性，相似性的大小与不同元素的差成反比。

基于上述分析，本章按系统场景间的相似性来确定潮流计算的分析次序和方法，具体步骤如下。

① 取系统场景功率向量为零的场景为分析次序中的首个场景，并称其为当前场景；取与当前场景相似性最大的未处理场景为下一个当前场景，直至无下一个当前场景。

② 若经步骤①后仍有未处理场景，则取与未处理场景和相似性最大的作为其前一场景，直至无未处理场景。

③ 多场景潮流计算将前一场景的潮流计算结果作为后一场景的初始值。

5.5.7 算法流程

本章的高效遗传算法应用于含风电的配电网重构的场景模型的求取流程如图 5.6 所示。

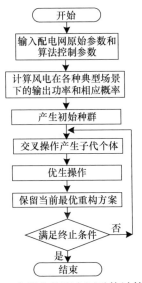

图 5.6 含风电的配电网重构计算流程

5.6 算 例 分 析

5.6.1 单个风电接入

对修改后的 IEEE 69 节点配电系统进行仿真计算。该系统的网络结构如图 5.7 所示，支路及节点数据参见附录 B，系统总有功负荷为 3802.19kW，总无功负荷为 2694.60kvar。取系统基准容量为 10MV·A，基准电压为 12.66kV。

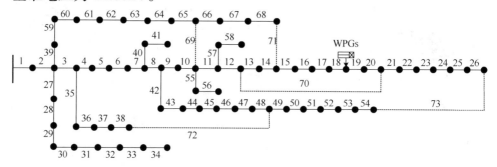

图 5.7　修改的 IEEE 69 节点配电系统

考虑实际配电网中风电接入容量的限制，本章首先以单台风电机组接入为例进行说明。选取第 19 节点处安装 1 台异步风电机组(同样可接入当前研究较多的双馈风机)，该风机的技术参数同文献[168]，其中切入风速、额定风速、切出风速、C 和 K 分别为 3m/s、14m/s、25m/s、9.19 和 1.93。风电接入点功率因数的允许变化范围为 0.9～1.0。可投切电容器单组容量为 50kvar，最大组数为 10。种群规模为 10，$N_L\%$=40% 和 $N_H\%$=70%，K=5。

测试选取三种典型场景分别对应风电机组的零输出状态(场景一)、欠额定输出状态(场景二)和额定输出状态(场景三)，按式(5.3)计算各场景的概率分别为 0.10、0.80 和 0.10，按式(5.4)计算各场景功率分别为 0、269kW 和 600kW。

表 5.1 为各典型场景和全场景的重构结果。从表中可见，通过网络重构四种场景模式下的系统最低电压值均提高到 0.9428p.u.，有功网损也较初始网络降低了一半左右。从降损效果来看，接入风电的场景

二和场景三比未接入风电的场景一更好，但场景功率较大的场景三却并不比场景二优，这是因为场景功率增大到一定范围后，其对系统的有功影响范围迅速扩大，此时不但没有减少有功功率的流动，反而增大了有功功率和无功功率的非同向流动，使系统的有功网损增大。因此，风电对有功网损和重构方案的影响与其出力有很大关系，若把它当成某一恒定出力，其取值难以确定。

表 5.1　各典型场景和全场景下的重构结果

场景模式	连枝号	风电状态	最低场景电压/p.u.	有功网损/kW
初始网络	69 70 71 72 73	接入	0.9214	192.07
场景一	12 20 45 51 69	不接入	0.9428	101.78
场景二	12 18 45 51 69	接入	0.9428	96.98
场景三	13 45 51 69 70	接入	0.9428	99.83
全场景	12 18 45 51 69	接入	0.9428	97.88

从表 5.1 中还可以看出，全场景下得到的重构方案并不完全等同于每个单一场景。其中，场景一和场景三与全场景的重构结果有较大区别。若不考虑风电出力的随机性，直接取场景三的重构方案为最终方案，那么风电运行在场景一和场景二时会比全场景下的重构方案分别多产生 3.07kW 和 5.16kW 的有功网损。此外，全场景下所得的有功网损值也并不优于各典型场景。

从上述结果可以看出，本章重构模型采用概率场景的方法所得的优化结果并不是针对风电的某一出力状态，而是综合考虑各种不同场景发生概率的最优重构方案，是一种整体意义上的最优。这与直接把风电当成某一恒定出力处理相比，更能反映风电出力的随机变化特性，得到的重构方案具有更好的适应性。

5.6.2　多个风电接入

以多个风电机组接入的情况进一步验证本章模型和算法的有效性。风电机组接入点为节点 10 和 23，其风电场的参数(C, K)分别为(8.50，2.00)和(9.19，1.93)。接入系统的风电机组有两类，假设其电气参数均与文献[167]一致，技术参数如表 5.2 所示。其中节点 10 接入 A 型和 B 型风电机组各一台，节点 23 接入两台 A 型风电机组。这是一个典型的多个不同参数风电通过多个风电场接入系统的情况。修改的 IEEE 69 节点配电系统如图 5.8 所示。

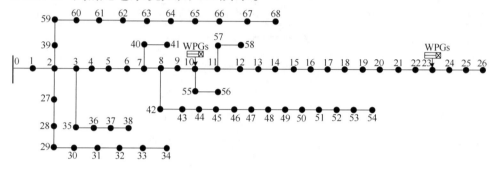

图 5.8　修改的 IEEE 69 节点配电系统

表 5.2　风电机组技术参数

类型	P_r/kW	v_{ci}/(m/s)	v_r/(m/s)	v_{co}/(m/s)
A	200	3	14	25
B	300	3	8	22

1. 场景划分和场景次序

测试中，风电机组选取零输出状态、欠额定输出状态和额定输出状态三种典型场景。按场景分析法，节点 10 和节点 23 的风电场场景概率和场景功率如表 5.3 所示，其中节点 10 风电场场景概率和场景功率分别为 {0.1173，0.4705，0.3460，0.0651，0.0011} 和 {0，197，443，500，200}，节点 23 的风电场场景概率和场景功率分别为 {0.1099，0.7861，0.1040} 和 {0，177，400}。

表 5.3　风电场场景概率和场景功率

风电场	场景概率	场景功率
10	{0.1173, 0.4705, 0.3460, 0.0651, 0.0011}	{0, 197, 443, 500, 200}
23	{0.1099, 0.7861, 0.1040}	{0, 177, 400}

按本章系统场景个数的确定方法，结合表 5.3 各风电场的场景个

数，该系统的系统场景个数为 15，用编号 I ～ XV 表示，系统场景概率为 {0.0129，0.0517，0.0380，0.0048，0.0001，0.0922，0.3699，0.2720，0.0512，0.0009，0.0122，0.0489，0.0360，0.0068，0.0001}，对应的系统场景功率如表 5.4 所示。

表 5.4　系统场景功率

场景号	场景概率	场景功率/kW	场景号	场景概率	场景功率/kW
I	0.0129	(0,0)	IX	0.0512	(500, 177)
II	0.0517	(197,0)	X	0.0009	(200, 177)
III	0.0380	(443,0)	XI	0.0122	(0,400)
IV	0.0048	(500,0)	XII	0.0489	(197, 400)
V	0.0001	(200,0)	XIII	0.0360	(443, 400)
VI	0.0922	(0,177)	XIV	0.0068	(500, 400)
VII	0.3699	(197, 177)	XV	0.0001	(200, 400)
VIII	0.2720	(443, 177)			

图 5.9 为按 5.5.6 节所述方法和步骤确定分析次序的流程。实线箭头部分为根据步骤①确定的分析次序，虚线箭头部分为根据步骤②确定的分析次序。按 5.5.6 节的原则确定潮流计算的分析次序为 I → VI → VII → II → III → IV → IX → VIII → XIII → XIV → XV → X → V → XI → XII。系统场景 XI 的前一场景为系统场景 VI。

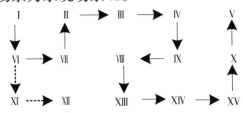

图 5.9　场景序列的形成过程

2. 重构结果

从表 5.5 也可以看出，与单个风电接入相似，全场景下所得的重构方案并不完全等同于每个单一场景。此外，全场景下所得的有功网损值也并不优于各典型场景。

表 5.5　各典型场景和全场景下的重构结果

场景模式	连枝号					风电状态	有功网损/kW
初始网络	69	70	71	72	73	接入	192.07
场景 I	12	20	45	51	69	不接入	101.78
场景 VI	45	51	69	70	72	接入	98.57
场景 VII	13	18	45	63	70	接入	94.83
场景 II	13	24	45	63	71	接入	98.04
场景 III	13	24	45	63	71	接入	96.89
场景 IV	13	24	45	63	71	接入	96.36
场景 IX	13	19	45	63	70	接入	92.33
场景 VIII	13	19	45	63	70	接入	92.91
场景 XIII	13	16	45	63	70	接入	91.76
场景 XIV	13	17	45	63	70	接入	91.46
场景 XV	13	14	45	63	70	接入	92.89
场景 X	13	17	45	63	70	接入	95.01
场景 V	13	24	45	63	71	接入	98.14
场景 XI	45	51	69	70	72	接入	96.27
场景 XII	13	14	45	63	70	接入	92.91
全场景	13	18	45	63	70	接入	94.65

5.6.3　算法性能

　　表 5.6 给出了本章算法对 IEEE 16、IEEE 33 和 IEEE 69 节点配电系统连续运行 100 次的一些性能统计指标。从表中可见，由于本章算法的初始种群和进化过程的子代个体中均无不可行解，同时最优方案是在子代中基于环路的节点场景电压物理寻优得到，因此种群规模对算法的收敛性影响不大，实际计算中种群规模取为环路个数的两倍即可。另外，本章潮流计算中考虑到相邻两场景,以及优生操作的支路交换前后的潮流变化不大，直接把前一状态的潮流结果作为后一状态的初值加快了潮流收敛速度。全场景的重构计算时间均小于三倍的单场景计算时间。

表 5.6　本章算法的性能

测试系统	种群规模	平均潮流计算次数	单场景计算时间/s	全场景计算时间/s
IEEE 16	4	30*3=90	0.29	0.44
IEEE 33	10	189*3=567	1.66	3.37
	10	345*3=1035	5.52	10.43
IEEE 69	20	361*3=1083	5.52	10.85
	30	317*3=951	5.52	10.40

表 5.7 给出了全场景对应的重构方案下，利用本章提出的分析次序计算各场景潮流的计算效率(精度为 0.0001p.u.)。从表中可见，除第一个场景的潮流计算需要 4 次迭代外，其他场景的迭代次数均小于 4 次，其中场景 IV 仅需 1 次迭代。而以不进行排序处理的常规方法计算时，各场景的迭代次数都为 4 次。本章方法计算全场景潮流共需 36 次迭代计算，仅为常规方法的 3/5，计算速度更快。

表 5.7　多场景潮流计算的效率比较

方法	迭代次数变化趋势	迭代总次数
本章方法	4→2→2→3→3→1→3→2→3→2→3→2→2→2→2	36
常规方法	4→4→4→4→4→4→4→4→4→4→4→4→4→4→4	60

选取不接入风电的场景一与文献[169]的混合智能算法和文献[148]的中医蚁群算法对比。由表 5.1 中的重构结果可见，本章方法与上述两种方法结果一致，都具有全局寻优能力。由表 5.8 的算法性能对比数据可见，本章算法比上述两种算法的计算速度更快。本章算法的平均潮流计算次数不到它们的 12%。加上遗传操作等计算时间，本章算法的耗时也不超过它们的 14%。可见，5.5 节给出的配电网重构场景模型的改进遗传算法效率高。

表 5.8　算法性能比较

算法	测试系统	种群规模	平均迭代次数	平均潮流计算次数	计算时间/s
本章方法	IEEE 33	10	9.45	189	1.66
	IEEE 69	10	11.15	345	5.52
混合智能算法	IEEE 33	100	25.80	2580	16.60
	IEEE 69	100	30.20	3020	39.53
中医蚁群算法	IEEE 33	100	22.16	2216	14.23
	IEEE 69	100	59.92	5992	78.44

5.7　小　　结

本章构造了含风电的配电网重构的场景模型，并提出求解该问题的高效遗传算法。本章模型和算法具有如下典型特点。

① 新的配电网重构模型以场景分析为基础，得到的重构结果综合所有场景功率的影响，可以体现出对风电随机出力的适应性。

② 场景选择、场景功率和场景电压合理描述了风电随机出力对系统状态和重构目标的影响，且新模型能适应多风电和多风电场同时接入系统的情况。

③ 提出的高效遗传算法可以确保遗传操作中的个体均是可行解，同时基于场景电压的物理寻优方法，大大缩短了寻优时间和对初始种群的依赖。

④ 所提出的场景模型和算法同样适用于太阳能发电、燃料电池等 DG 并网后的配电网重构问题。

第6章 考虑可靠性的配电网重构

6.1 概　　述

配电网包含大量常闭的分段开关，以及少量常开的联络开关。配电网重构就是通过改变这些开关的开合状态来变换网络结构实现负荷的重分布。除了平衡负荷、降低网损、改善电压分布提高供电质量等目标，提高系统的供电可靠性也是配电网重构中要考虑的重要优化目标。因此，考虑可靠性的网络重构会使重构后的网络具有良好的供电可靠性，这对保障电网的安全、可靠、优质运行具有重要的工程实际意义。

通常，网络重构和系统的可靠性被当做两个独立的问题分开研究。往往在网络重构结束后，对重构后的方案做校核式的可靠性计算，少有将系统的可靠性指标加入重构模型中求解的方法，主要原因以下。

① 在重构的过程中直接计算节点可靠性指标和系统可靠性指标的计算量大、费时，实际应用中不可取。

② 表征可靠性优劣的指标有多种、不唯一，节点可靠性指标和系统可靠性指标分别从单个负荷点和全系统两个角度描述可靠性的优劣，两类指标都只能反映可靠性的一个方面。

③ 节点可靠性指标和系统可靠性指标本身也有多个子指标，这些子指标强调和反映的方面各有侧重，利用单一的指标很难表征全网可靠性的水平。

针对已有研究的不足，本章提出一种考虑系统可靠性的配电网重构的快速方法。首先，确定表征可靠性优劣的典型可靠性指标，并将这些指标根据自身的特点进行归一化处理。综合上述可靠性指标，本章提出考虑系统可靠性的配电网重构模型，将系统有功网损、平均供电可用率指标和系统供电量不足指标作为目标函数，构造新的多目标模型。然后，提出求解该多目标模型的快速算法。该算法首先将多目标函数通过判断矩阵法划归成单目标函数。在重构的前期不进行可靠性计算，在重构的反复阶段和后期，加入可靠性指标，加快最优解的求取。IEEE 69 节点配电系统的分析表明，最优重构方案能够实现可靠性、经济性、计算快速性的统一，能够应用于复杂配电网的网络重构。

6.2　考虑可靠性的配电网重构目标函数

6.2.1　传统配电网重构的目标函数

配电网重构的目标一般为降低网损、平衡负荷、改善电压分布提高供电质量等。一般情况下，系统网损的降低与平衡负荷、改善电压分布是紧密相关的，即系统网损越低，对应的网络结构下负荷越平衡、系统各节点的电压分布越优。这也是一般配电网重构采用网损最小目标的主要原因。

以最小化系统有功网损为优化目标的配电网重构的目标函数为

$$\min E(L) = \min \sum_{j \in m} p_j L_j \tag{6.1}$$

式中，$E(L)$为系统有功网损期望值，由它确定的方案是系统不同场景下整体意义上的最优方案；m 为场景个数，当系统中不含风电机组时，系统的场景个数为 1；p_j 为场景 j 的概率；L_j 为场景 j 时的系统有功网损，其表达式为

$$L_j = \sum_{i \in l} k_i r_i (P_{ij}^2 + Q_{ij}^2) / V_{ij}^2 \tag{6.2}$$

其中，l 为电网的支路总数；k_i 为支路 i 上开关的状态变量，$k_i = 0$ 表示断开，$k_i = 1$ 表示闭合；r_i 为支路 i 的电阻；P_{ij} 和 Q_{ij} 分别为场景 j 时支路 i 上流过的有功功率和无功功率。

6.2.2　新型配电网重构的目标函数

1. 可靠性指标

有功网损最小是配电网经济运行的一个重要指标，但随着用户对供电可靠性要求的提高，可靠性也成为其经济运行中考虑的重要因

素。表征配电网可靠性水平的指标包括两类：一类是负荷点的可靠性指标；另一类是系统可靠性指标。

反映负荷点可靠性优劣的可靠性指标有年故障停运率 λ(次/年)、平均停运持续时间 r(h/次)、平均停运时间 U(h/年)。年故障停运率 λ 是指负荷点在一年中因电网元件故障而造成停电的次数，各负荷点 λ 的大小说明该负荷点供电的可靠程度。平均停运持续时间 r 是指从停电事件发生到恢复供电时间的平均，在有备用电源、备用元件可供切换的情况下，停电恢复时间较短，r 值也就较小。平均停运时间 U 是指负荷点一年内每次停电的时间总数，反映该负荷点供电的可靠性。

从年故障停运率 λ、平均停运持续时间 r 和平均停运时间 U 的定义可以看出，三个指标反映负荷点可靠性的侧重点是不同的：年故障停运率 λ 侧重停电次数的描述，平均停运持续时间 r 侧重停电(恢复)时间的描述，平均停运时间 U 侧重每次停电(恢复)平均时间的描述。

系统可靠性指标又包括两类：一类是以用户为基础建立的概率类指标；另一类是以负荷或电量为基础的能量类指标。

① 与用户有关的指标包括系统平均停电频率指标、用户平均断电频率指标、系统平均停运持续时间指标、用户平均停运持续时间指标、平均供电可用率指标和平均供电不可用率指标。六个指标反映系统可靠性的侧重点是不同的：系统平均停电频率指标和用户平均断电频率指标侧重停电次数的描述，并且用户平均断电频率指标侧重反映用户的停电次数；系统平均停运持续时间指标和用户平均停运持续时间指标侧重停电(恢复)时间的描述，并且用户平均停运持续时间指标更关心和考虑用户的停电次数；平均供电可用率指标和平均供电不可用率指标侧重于有效供电的描述。

② 与负荷和电量有关的指标包括系统供电量不足指标和系统平均供电量不足指标。系统供电量不足指标侧重于对系统总的供电不足的描述，系统平均供电量不足指标则考虑了用户数量的影响。

配电网可靠性指标的层次结构如图 6.1 所示。

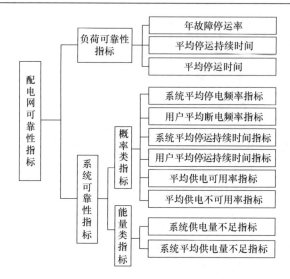

图 6.1　配电网可靠性指标的结构层次

2. 配电网重构新模型的目标函数

综合对负荷点可靠性指标体系和系统可靠性指标体系的分析可见，系统可靠性指标体系更能全面系统地反映系统在某种结构下的可靠性优劣，因此采用系统可靠性指标作为重构时的可靠性目标更具代表性。另一方面，系统可靠性指标体系中的系统平均停电频率指标和用户平均断电频率指标、系统平均停运持续时间指标和用户平均停运持续时间指标、平均供电可用率指标和平均供电不可用率指标、系统供电量不足指标和系统平均供电量不足指标分别为一个问题的两个描述方面，利用其中的任意一个来表征系统的可靠性水平都是合理的，并且这几类指标是相互关联的，通过任意两类指标都能求出其他类指标的值。因此，本章采用平均供电可用率指标和系统供电量不足指标的最优化作为重构考虑的目标函数。

综合传统配电网重构目标中的有功网损指标，本章将有功网损指标、平均供电可用率指标和系统供电量不足指标作为配电网重构的目标函数。这三个目标函数不仅揽括了传统配电网对经济性指标的追求，同时也加入了可靠性的新因素。

6.2.3　目标函数的归一化

在比较有功网损指标、平均供电可用率指标和系统供电量不足指标等三个指标的优劣过程中，考虑到它们的量纲不同，方案的优劣不可以简单地通过其数值进行判断。另一方面，不同指标值的数值变化对于规划人员而言产生的满意度效果也是不一样的。因此，需要对上述三个指标进行归一化处理，并根据其特性构造满意度评估函数。

1. 有功网损指标

系统有功网损直接反映系统的经济运行水平，是反映重构方案优劣的最重要因素。在网络重构的方案中，一般要求系统有功网损在一个较低的水平，这有利于经济效益的极大化和电能质量的提高。为反映不同重构方案有功网损的差异，可以构造有功网损满意度评估函数 F_{LOSS} 评价各重构方案的有功网损，即

$$F_{\text{LOSS}} = \begin{cases} 1, & E(L) \leqslant E(L)_1 \\ a_L E(L)^2 + b_L E(L) + c_L, & E(L)_1 < E(L) < E(L)_0 \\ 0, & E(L) \geqslant E(L)_0 \end{cases} \tag{6.3}$$

式中，$E(L)_0$ 为初始网络状态下系统的有功网损值；$E(L)_1$ 为该配电系统的理论最小网损，实际情况因重构前无法得知该系统的理论最小网损，$E(L)_1$ 一般取为系统总有功网损的 2%；参数 a_L、b_L 和 c_L 可由如图 6.2 所示曲线的 3 个已知点联立求解。

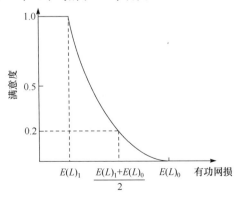

图 6.2　有功网损满意度评估函数图示

由图 6.2 可见，在[$E(L)_1$，$E(L)_0$]，其抛物线为凸函数，这是因为有功网损满意度在有功损耗越小的情况下越敏感，即在有功损耗较小时，有功损耗进一步减少，满意度会有较大提高，这符合有功损耗在重构中占据较大比重这一实际情况。

2. 平均供电可用率指标

平均供电可用率指标描述的是全系统停电(恢复)时间的长短。对于用户和整个系统而言，该指标直接反映故障对生产/生活的影响时间的长短，都具有重要意义。对于一般的配电系统，其平均供电可用率指标均能达到 0.990 的水平，理论上而言不可能达到 1.0 的水平，因此该指标在接近 1.0 时对整个系统可靠性指标的表征效果不明显，在0.990 附近更加明显。依据平均供电可用率指标的特点，定义平均供电可用率指标满意度评估函数 F_{ASAI} 为

$$F_{ASAI} = \begin{cases} 0, & ASAI \leqslant 0.99 \\ a_A ASAI^2 + b_A ASAI + c_A, & ASAI > 0.99 \end{cases} \tag{6.4}$$

式中，参数 a、b 和 c 的值可由如图 6.3 所示的有功网损满意度评估函数求得。

由图 6.3 可见，在[0.990,1.0]，其抛物线为凸函数。

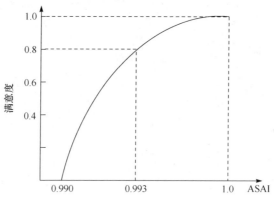

图 6.3　平均供电可用率指标满意度评估函数图示

3. 系统供电量不足指标

系统供电量不足指标表征系统总的供电不足，对于整个系统而

言，该指标直接反映故障对全系统生产/生活的影响范围和规模的大小，是衡量经济损失的最主要指标。对于一般的配电系统，其系统供电量不足指标值一般在 5～10 倍系统平均总有功之间，这一指标的区间范围较大，因此该指标的满意度与其指标值的大小直接为线性关系更加合理。依据系统供电量不足指标的特点，定义系统供电量不足指标满意度评估函数 F_{ENS} 为

$$F_{\text{ENS}} = \begin{cases} 1, & \text{ENS} \leqslant \text{ENS}_1 \\ \dfrac{\text{ENS}_0 - \text{ENS}}{\text{ENS}_0 - \text{ENS}_1}, & \text{ENS}_1 < \text{ENS} < \text{ENS}_0 \\ 0, & \text{ENS} \geqslant \text{ENS}_0 \end{cases} \qquad (6.5)$$

式中，ENS_0 为初始网络状态下系统供电量不足指标；ENS_1 为该配电系统理论最小系统供电量不足指标，在实际情况中因重构前无法得知该系统的理论最小系统供电量不足指标，ENS_1 一般取系统平均总有功的 4.5 倍。

　　如图 6.4 所示为系统供电量不足指标满意度评估函数示意图。由此可见，该曲线在 $[\text{ENS}_1, \text{ENS}_0]$ 是线性递减的。

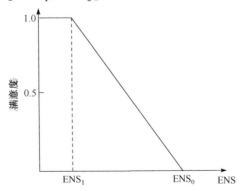

图 6.4　系统供电量不足指标满意度评估函数图示

6.3　考虑可靠性的配电网重构新模型

6.3.1　目标函数

　　综合考虑式(6.3)～式(6.5)的有功网损指标、平均供电可用率指标

和系统供电量不足指标，以各指标的满意度最大为目标，各支路开关的开合为控制变量，建立考虑可靠性的配电网重构新模型，目标包括 $\max F_{\text{LOSS}}$、$\max F_{\text{ASAI}}$ 和 $\max F_{\text{ENS}}$。

6.3.2　约束条件

为使模型适用于不含风电机组和含风电机组两种情况，约束条件也对应地分为两种情况。

1. 不含风电机组

重构后的配电网除满足无"回路"和"孤岛"的网络结构约束，还必须满足以下约束条件。

① 潮流方程等式约束，即

$$
\begin{cases}
P_{Gi} - P_{Li} - U_i \sum_{j=1}^{N} U_j (G_{ij} \cos\theta_{ij} + B_{ij} \sin\theta_{ij}) = 0 \\
Q_{Gi} - Q_{Li} - U_i \sum_{j=1}^{N} U_j (G_{ij} \sin\theta_{ij} - B_{ij} \cos\theta_{ij}) = 0
\end{cases}
\tag{6.6}
$$

式中，P_{Gi} 和 Q_{Gi} 分别为节点 i 发电机的有功出力和无功出力；P_{Li} 和 Q_{Li} 分别为节点 i 的有功需求和无功需求。

② 支路传输功率约束，即

$$
k_i S_i \leqslant S_i^{\max}, \quad i = 1, 2, \cdots, l
\tag{6.7}
$$

③ 节点电压约束，即

$$
V_i^{\min} \leqslant V_i \leqslant V_i^{\max}, \quad i = 1, 2, \cdots, n
\tag{6.8}
$$

式中，S_i 和 $S_i^{\max}$ 分别为支路 i 的输送功率和该支路的输送功率上限；n 为节点总数，V_i、$V_i^{\max}$ 和 $V_i^{\min}$ 分别为节点 i 的电压及其上下限值。

2. 含有风电机组

各个场景除满足无"回路"和"孤岛"的网络结构约束，还必须满足以下约束条件。

① 潮流方程等式约束。潮流方程等式约束把单个场景下的风电

出力直接当做负荷处理，即各场景下风电的有功负荷等于负的场景功率，无功负荷等于其无功需求减去其无功补偿容量。其中无功补偿容量由功率因数约束、并联电容器的单组容量和投运组数确定。

② 支路传输功率约束，即

$$k_i S_i \leqslant S_i^{\max}, \quad i = 1, 2, \cdots, l \tag{6.9}$$

③ 节点电压约束，即

$$V_i^{\min} \leqslant V_i \leqslant V_i^{\max}, \quad i = 1, 2, \cdots, n \tag{6.10}$$

④ 风电接入点的功率因数约束，即

$$F_w^{\min} \leqslant F_w \leqslant F_w^{\max} \tag{6.11}$$

式中，S_i 和 $S_i^{\max}$ 分别为支路 i 的输送功率和该支路的输送功率上限；n 为节点总数，V_i、$V_i^{\max}$ 和 $V_i^{\min}$ 分别为节点 i 的电压及其上下限值；F_w 为风电接入点 w 的功率因数；$F_w^{\min}$ 和 $F_w^{\max}$ 分别为其上下限值。

6.4　考虑可靠性的配电网重构模型求解

以上考虑的系统可靠性的配电网重构模型具有两个特点。

① 该模型是一个多目标规划问题，并且 3 个目标在整个配电网重构中的重要程度是不同的。本节应用判断矩阵法将多目标问题转化为单目标问题。

② 该模型包括网络重构计算和可靠性计算两个方面，网络结构的变化与可靠性指标存在某种必然的联系。本节分析两者关系的特殊性，并提出一种高效率的计算方法。

6.4.1　目标函数的处理

多目标优化问题的求解方法很多。模糊集理论、加权求和法可将多目标优化问题转化为单目标优化问题。但上述方法往往很难对所有目标的重要程度做出全面和正确的判断。判断矩阵法则提供了一种简单适用的方案。

判断矩阵法首先根据专家经验对各目标的相对重要性进行两两比较，用判断数 C_{ij} 表示目标 F_i 相对于目标 F_j 的重要程度，即

$$C_{ij} = \begin{cases} 1, & F_i \text{与} F_j \text{同样重要} \\ 3, & F_i \text{相对于} F_j \text{稍微重要} \\ 5, & F_i \text{相对于} F_j \text{明显重要} \\ 7, & F_i \text{相对于} F_j \text{非常重要} \\ 9, & F_i \text{相对于} F_j \text{极端重要} \end{cases} \tag{6.12}$$

利用判断数构成判断矩阵 $\boldsymbol{M}$，即

$$\boldsymbol{M} = \begin{bmatrix} C_{11} & \cdots & C_{1n} \\ \vdots & & \vdots \\ C_{n1} & \cdots & C_{nn} \end{bmatrix} \tag{6.13}$$

式中，n 为目标个数；$C_{ii} = 1, C_{ij} = 1/C_{ji}, i, j = 1, 2, \cdots, n$。

根据判断矩阵 $\boldsymbol{M}$，目标 F_i 在整个问题中的重要程度可由 C_{ij} 的几何平均给出，即

$$\pi_i = (\prod_{j=1}^{n} C_{ij})^{1/n} \tag{6.14}$$

各目标权重为

$$w_i = \pi_i / \sum_{j=1}^{n} \pi_j \tag{6.15}$$

针对本章的重构优化问题，可将各目标根据其重要性分为 3 个等级，即有功网损直接反映系统的经济运行状态，作为最重要的一级，要求首先考虑；平均供电可用率指标侧重于有效供电的描述，直接反映故障对生产/生活影响时间的长短，作为第 2 等级目标；系统供电量不足指标反映故障对全系统生产/生活的影响范围和规模的大小，是衡量经济损失的最主要指标，作为第 2 等级目标。同一等级的目标间重要性相同，不同等级目标的重要性依次降低。本章取 $C_{12} = 3$，$C_{13} = 3$ 和 $C_{23} = 1$，则判断矩阵为

$$\boldsymbol{M} = \begin{bmatrix} 1 & 3 & 3 \\ 1/3 & 1 & 1 \\ 1/3 & 1 & 1 \end{bmatrix} \tag{6.16}$$

各目标权重以下，即 $w_1 = 0.722$ ，　$w_2 = 0.139$ ，　$w_3 = 0.139$ 。确定权重后，原多目标优化问题就可转化为单目标优化问题求解，即原目标函数转化为

$$\begin{aligned} & \max \quad w_1 F_{\mathrm{LOSS}} + w_2 F_{\mathrm{ASAI}} + w_3 F_{\mathrm{ENS}} \\ & \Rightarrow \max \quad 0.722 F_{\mathrm{LOSS}} + 0.139 F_{\mathrm{ASAI}} + 0.139 F_{\mathrm{ENS}} \end{aligned} \tag{6.17}$$

6.4.2　模型求解

1. 模型的特点

由 6.3 节论述的考虑系统可靠性的配电网重构模型和式(6.18)可见，新模型的优劣程度同时取决于三个指标值的满意度函数值，因此准确评价一个重构方案的优劣需要同时计算这三个指标的值及其相应的满意度。事实上，采取上述方法的计算效率是非常低下的，主要是因为配电网重构过程中形成的每一个网络结构都有不同的负荷点可靠性指标和系统可靠性指标，且对于各个相似的网络结构其可靠性指标值的相似性却不明显，部分可靠性指标值甚至会出现较大变化。鉴于这个原因，就需要在每形成一个网络结构时就计算一次负荷点可靠性指标和系统可靠性指标，但这个过程需要大量的网络结构分析和可靠性指标的计算、需要大量的计算时间，使该问题演变成一个典型的维数灾难问题。

大量仿真计算表明，在重构过程中每形成一个网络就计算一次负荷点可靠性指标和系统可靠性指标是完全没有必要的。这一点在网络由网损较大的初始网络快速向网损较小的网络的进化过程中尤为突出。这是因为虽然各个相似的网络结构的可靠性指标值不具备明显的相似性，但在有功网损的快速下降过程中，必然会出现负荷点可靠性指标和系统可靠性指标的改善，因为系统网损的降低在一定程度上是与负荷平衡和供电路径均匀直接相关的，而在负荷平衡和供电路径均匀的情况下，电气元件故障所造成的影响范围和故障恢复时间才能有效弱化。因此，在有功网损的快速下降过程中，有功网损的下降和可靠性水平的提高具有一致性。

2. 模型的求解算法

针对新的重构模型的特点，采用以下思路来设计考虑可靠性的配电网重构的求解过程。

① 在重构的前期不进行可靠性计算，仅计算系统的有功网损，并以系统有功网损作为唯一优劣判据标准，寻找网络最优方案。

② 在重构的后期，嵌入可靠性指标的计算，并以式(6.18)所示的函数最大化为目标，寻找网络最优方案，直至寻到最优解。

重构的前、后期的判断依据为：重构前期具有的典型特点是有功网损的变化较大，即降低的幅度较大，因此本章以有功网损的降低幅度为依据来判断重构所处的阶段。当连续 3 次最优重构结果中的有功网损的降低幅度出现大于 $a\%(a\%$的取值[3%，5%])的情况时，判定为重构前期；当连续 3 次最优重构结果中的有功网损的降低幅度均小于 $a\%$时，判定为重构后期。

3. 算法流程

考虑可靠性指标和有功网损指标之间的特点，结合新模型的求解思路，以及第 5 章论述的求解重构问题的高效遗传算法，构造考虑可靠性的配电网重构算法。图 6.5 为算法的流程图，步骤如下。

① 读入配电系统的基本数据和算法控制参数，并置计算阶段标示符 flag=1。

② 依据式(6.3)～式(6.5)计算各指标的满意度评估函数。

③ 计算初始网络的有功网损。

④ 调用第 5 章求解重构问题的高效遗传算法。

⑤ 计算前后两次有功网损的降低幅度，并依据 6.4.2 节判断准则判断重构计算所处的阶段。

⑥ 若为前期阶段，仍以系统有功网损为唯一优劣判据标准，进入步骤④；若为后期，则置计算阶段标示符 flag=0，并更新重构目标函数为式(6.17)，进入步骤⑦。

⑦ 判断重构是否收敛，若不收敛，进入步骤④继续寻优；否则，输出结果，停止计算。

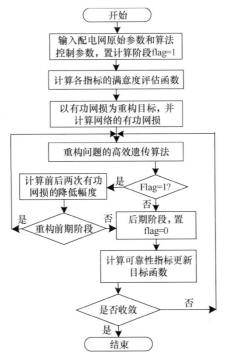

图 6.5　考虑可靠性的配电网重构计算流程

6.5　算　例　分　析

6.5.1　不含风电机组的情况

对修改的 IEEE 69 节点配电系统(图 6.6)进行仿真计算。该系统的网络结构和支路及节点数据参见附录B。取系统基准容量为 10MV·A，基准电压为 12.66kV。系统各元件的可靠性参数如表 6.1 所示。仿真计算中取 $a\%=3\%$。

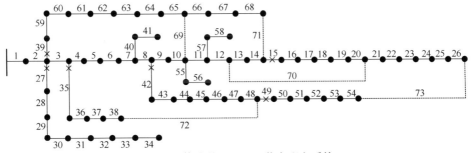

图 6.6　修改的 IEEE 69 节点配电系统

表 6.1　各元件的可靠性参数

元件类型	故障率/(次/年)	修复时间/h	操作时间/h
线路	0.065	5	5
变压器	0.015	10	0
分段开关	0	0	1
联络开关	0	0	1

1. 结果分析

表 6.2 为考虑可靠性前后，网络重构的方案和系统优化结果。从表中可见，相对于初始网络，通过网络重构后两种模式下有功网损较初始网络降低了一半左右。从重构方案来看，考虑可靠性和不考虑可靠性两种情况的方案有一些差异，不考虑可靠性时，连枝号为 12-20-45-51-69；考虑可靠性时，连枝号为 12-20-45-54-69。

表 6.2　考虑可靠性前后的重构结果(不含风电)

情况	连枝号					有功网损/kW
初始网络	69	70	71	72	73	192.07
不考虑可靠性	12	20	45	51	69	101.78
考虑可靠性	12	20	45	54	69	102.54

表 6.3 为考虑可靠性前后，网络重构各目标函数值的比较。从表中可见，考虑可靠性前的系统有功网损为 101.78kW、满意度为 0.64，考虑可靠性后的系统有功网损为 102.54kW、满意度为 0.62，两者的变化不大。平均供电可用率指标和系统供电量不足指标的差别却比较明显，考虑可靠性前两类可靠性指标实际值分别为 0.9893 和 7.532、满意度分别为 0 和 0.51，考虑可靠性后两类可靠性指标实际值分别为 0.9927 和 6.835、满意度分别为 0.66 和 0.59，考虑可靠性后两类可靠性指标分别提高 0.0034 和 0.697、满意度分别提高 0.66 和 0.08。从上述对比可以看出，将系统的可靠性指标加入传统的配电网重构，对提高系统可靠性的作用是非常明显的。从归一化后的总目标函数看，虽然

系统有功网损的满意度有所下降，但 ASAI 的显著提高，使考虑可靠性后的总满意度由 0.53297 提高到 0.62139，重构后的网络达到经济性和可靠性的统一。

表 6.3　考虑可靠性前后的各指标的结果值对比(不含风电)

情况	有功网损/kW		ASAI 指标		ENS 指标		归一化目标函数值
	实际值	满意度	实际值	满意度	实际值	满意度	
不考虑可靠性	101.78	0.64	0.9893	0	7.532	0.51	0.53297
考虑可靠性	102.54	0.62	0.9927	0.66	6.835	0.59	0.62139

2. 算法性能分析

表 6.4 为将可靠性指标直接加入重构过程加以计算和以本章思路和判断依据进行重构计算的方案和结果比较。从表中可见，两种计算方法得到的计算结果是完全相同的，这也直接表明本章的简化思路是可取的。还可以看出，利用本章思路计算时所需的计算时间为14.58s，直接计算费时 38.12s，本章方法仅为直接计算时的 38.17%，大大缩短了分析的时间，优势非常明显。

表 6.4　可靠性指标直接计算和本章方法的计算结果对比(不含风电)

情况	连枝号	计算时间/s
可靠性指标直接计算	12　20　45　54　69	38.12
本章方法	12　20　45　54　69	14.58

为比较可靠性指标的加入判据对计算效率的影响，本章模拟仿真不同有功网损的降低幅度加入可靠性指标时迭代次数和计算时间的变化情况，所统计指标均为运行 100 次的平均值。图 6.7 为有功网损的降低幅度为 10%、8%、6%、3%、2%、1%和直接加入 7 种情况下的收敛变化曲线。可以明显看出，不同条件下加入可靠性指标，均能得到最优的目标函数值。对于不同的加入条件，所需的迭代次数却有很大差异。直接加入时所需的迭代次数为 12 次，以 10%、8%和 6%为条件与直接加入时迭代次数一致，这是因为在寻优的初期阶段，有功网损的

减少和可靠性指标的改善是完全一致的，大比例的有功网损减少一般都会伴随系统可靠性的提高。以 1%为条件时所需的迭代次数达到 20次，这是因为较小的有功网损的变化范围等效于把多目标优化问题转化成两个不相关的单目标优化问题，而实际上，此阶段系统可靠性指标优化过程中引起的网络结构调整又会进一步导致有功网损的剧烈变化，致使迭代次数激增。本章以 3%为条件，所需的迭代次数为 14次，介于两种极端情况。总体来说，迭代次数基本与有功网损的降低幅度成反比。

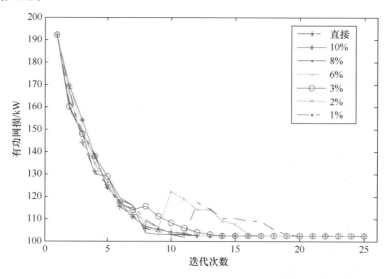

图 6.7 可靠性指标加入条件对结果的影响(不含风电)

表 6.5 为有功网损的降低幅度为 10%、8%、6%、3%、2%、1%和直接加入 7 种情况下的收敛到最优解时的计算时间对比。从表中可见，1%为条件时的计算时间最长，直接接入时的计算时间次之，以10%和 8%为条件与直接加入时相差不大，但本章以 3%为条件所需的计算时间最少。这是因为虽然本章方法所需的迭代次数要高于较大有功网损的降低幅度的情况，但在前期的重构过程中，本章方法不需要计算可靠性指标，所以计算时间反而更短。因此，本章以连续 3 次最优重构结果中的有功网损的降低幅度出现大于3%的情况来判断寻优所处的阶段是合理的。

表 6.5　可靠性指标加入条件对计算时间的影响(不含风电)

情况	直接加入	有功网损降低幅度					
		10%	8%	6%	3%	2%	1%
计算时间/s	38.2	37.98	37.81	26.38	14.58	16.84	39.58

6.5.2　含有风电机组的情况

本章以单台风电机组接入为例进行说明。选取第 19 节点处安装 1 台异步风电机组(同样可接入当前研究较多的双馈风机)，该风机的技术参数同文献[168]，其中切入风速、额定风速、切出风速、c 和 k 分别为 3m/s、14m/s、25m/s、9.19 和 1.93。风电接入点功率因数的允许变化范围为 0.9~1.0。系统各元件的可靠性参数如表 6.1 所示。仿真计算取 a%=4%。

1. 结果分析

表 6.6 为考虑可靠性前后，网络重构的方案和系统优化结果。从表中可见，相对于初始网络，通过网络重构后两种模式下有功网损较初始网络降低了一半左右。从重构方案来看，考虑可靠性和不考虑可靠性两种情况的方案有一些差异，不考虑可靠性时，连枝号为 12-18-45-51-69；考虑可靠性时，连枝号为 12-70-45-73-69。

表 6.6　考虑可靠性前后的重构结果(含风电)

情况	连枝号					有功网损/kW
初始网络	69	70	71	72	73	192.07
不考虑可靠性	12	18	45	51	69	97.88
考虑可靠性	12	70	45	73	69	98.24

表 6.7 为考虑可靠性前后，网络重构各目标函数值的比较。从表中可见，考虑可靠性前的系统有功网损为 97.88kW、满意度为 0.83；考虑可靠性后的系统有功网损为 98.24kW、满意度为 0.80，两者的变化不大。但平均供电可用率指标和系统供电量不足指标的差别却比较明显，考虑可靠性前两类可靠性指标实际值分别为 0.9918 和 6.776、满

意度分别为 0.45 和 0.63，考虑可靠性后两类可靠性指标实际值分别为
0.9956 和 6.395、满意度分别为 0.76 和 0.72；考虑可靠性后两类可靠性
指标分别提高 0.0038 和 0.381、满意度分别提高 0.31 和 0.09。从上述
对比可以看出，将系统的可靠性指标加入传统的配电网重构，对提高
系统可靠性的作用是非常明显的。从归一化后的总目标函数来看，虽
然系统有功网损的满意度有所下降，但 ASAI 的显著提高，使考虑可
靠性后的总满意度由 0.74938 提高到 0.78193，重构后的网络达到经济
性和可靠性的统一。

表 6.7　考虑可靠性前后的各指标的结果值对比(含风电)

情况	有功网损/kW		ASAI 指标		ENS 指标		归一化目标函数值
	实际值	满意度	实际值	满意度	实际值	满意度	
不考虑可靠性	97.88	0.83	0.9918	0.45	6.776	0.63	0.74938
考虑可靠性	98.24	0.80	0.9956	0.76	6.395	0.72	0.78193

2. 算法性能分析

表 6.8 为将可靠性指标直接加入重构过程加以计算和以本章思路
与判断依据进行重构计算的方案和结果比较。从表中可见，两种计算
方法得到的计算结果是完全相同的，这也直接表明本章的简化思路是
可取的。还可以看出，利用本章思路计算时所需的时间为 27.78s，直
接计算费时 61.00s，仅为直接计算时的 45.54%，大大缩短了分析的时
间，优势非常明显。

表 6.8　可靠性指标直接计算和本章方法的计算结果对比(含风电)

情况	连枝号					计算时间/s
可靠性指标直接计算	12	70	45	73	69	61.00
本章方法	12	70	45	73	69	27.78

为比较可靠性指标的加入判据对计算效率的影响，本章模拟仿真
了不同有功网损的降低幅度时加入可靠性指标时迭代次数和计算时间
的变化情况，统计指标均为运行 100 次的平均值。图 6.8 为有功网损的

降低幅度为 10%、8%、6%、4%、3%、2% 和直接加入 7 种情况下的收敛变化曲线。从图 6.7 中可以明显看出，不同条件下加入可靠性指标，均能得到最优的目标函数值，但对于不同的加入条件，所需的迭代次数却有很大差异。直接加入时所需的迭代次数为 14 次，以 10% 和 8% 为条件与直接加入时迭代次数一致，这是因为在寻优的初期阶段，有功网损的减少和可靠性指标的改善是完全一致的，大比例的有功网损减少一般都会伴随系统可靠性的提高。以 2% 为条件时所需的迭代次数达到 20 次，这是因为较小的有功网损的变化范围等效于把多目标优化问题转化成两个不相关的单目标优化问题。实际上，此阶段系统可靠性指标优化过程中引起的网络结构调整又会进一步导致有功网损的剧烈变化，致使迭代次数激增。本章以 4% 为条件所需的迭代次数为 15 次，介于两种极端情况。

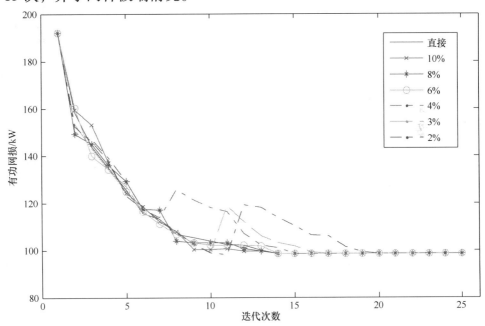

图 6.8 可靠性指标加入条件对结果的影响(含风电)

表 6.9 为有功网损的降低幅度为 10%、8%、6%、4%、3%、2% 和直接加入 7 种情况下的收敛到最优解时的计算时间对比。从表中可见，2% 为条件时的计算时间最长，直接接入时的计算时间次之，以

10%和8%为条件与直接加入时相差不大，但本章以4%为条件所需的计算时间最少。这是因为虽然所需的迭代次数要高于较大有功网损的降低幅度的情况，但在前期的重构过程中不需要计算可靠性指标，所以本章方法所用的计算时间反而更小。因此，本章以连续3次最优重构结果中的有功网损的降低幅度出现大于4%的情况来判断寻优所处的阶段是合理的。

表6.9　可靠性指标加入条件对计算时间的影响(含风电)

情况	直接加入	有功网损降低幅度					
		10%	8%	6%	4%	3%	2%
计算时间	61.00	59.07	59.34	40.97	24.58	30.22	40.54

需要说明的是，判断重构所处阶段时所用的有功网损降低幅度$a\%$判据会由网络结构和是否接入风电等实际情况而不同。但通过大量的计算发现$a\%$在3%～5%取值时，对减少计算时间的效果比较明显。

6.6　小　　结

本章提出一种考虑可靠性的配电网重构的快速方法。本章模型和算法具有以下典型特点。

① 考虑可靠性的配电网重构模型，以表征可靠性优劣的典型可靠性指标和有功网损最小为目标，在拟合成多目标模型之前将这些指标根据自身的特点进行归一化处理，符合实际的要求。

② 提出求解该多目标模型的快速算法。该算法将多目标函数通过判断矩阵法划归成单目标函数。在重构的前期不进行可靠性计算，在重构的反复阶段和后期，加入可靠性指标，加快最优解的求取，这种处理方式可以大大减少计算的时间。

③ 算例分析表明，本章方法得到的最优重构方案能够实现可靠性和经济性的统一，算法不但能够成功得到全局最优解，而且大大缩短了计算的时间，能够应用到复杂配电网络的重构问题。

第7章 配电网快速可靠性评估 及重构优化系统

7.1 概　　述

随着我国国民经济的迅速发展，电力供需矛盾日益突出，迫切需要对配电网进行科学、合理的规划，实现其可靠经济运行。配电网的可靠性和网络优化研究在 20 世纪 60 年代前都未引起足够的重视，这是由于人们当时没有意识到配电网可靠性和网络优化的重要性。随着统计工作的不断完善，人们发现配电网由于直接与用户相连，对供电可靠性影响最大，给电网造成的经济损失比例也是最高的。同时，为数众多的配电网投资累计起来也十分可观。这就意味着配电网可靠性和网络优化的工程应用将产生巨大的经济效益。

为满足配电网规划和运行对可靠性及经济性的需要，很多专家、学者，以及公司开发了大量关于配电网可靠性评估和网络重构的软件。这些软件为配电网的可靠经济运行提供了良好的技术支撑，但还存在明显的不足，主要体现在如下方面。

① 绝大部分软件没有综合考虑可靠性评估和网络重构的联系，往往把它们当成独立的问题分别处理。

② 这些软件没有考虑现代配电网发展的新问题，尤其是没有充分把风电等新型能源的接入情况考虑进来。

③ 这些软件所用的算法和理论在计算准确性和全局最优方面仍值得商榷，适用范围有限且计算速度慢，不宜运用于大规模配电网。

针对上述问题，我们开发了一套配电网的快速可靠性评估及网络重构系统。该系统以前几章介绍的基于故障指标传递特性的配电网可靠性快速评估方法、考虑风电随机性的配电网可靠性快速评估方法、基于最小可行分析对象的配电网快速重构方法、考虑风电随机性的配电网重构场景模型和算法、考虑可靠性的配电网网络重构等一系列模型和算法为基础，以 Visual C++6.0 为软件开发工具，采用面向对象的程序设计技术，以数据库为核心，通过数据库将各功能模块连接成一个统一的整体。系统功能结构清晰、操作简单、使用方便。

7.2　系统总体结构

7.2.1　系统开发平台

系统选用 Visual C++6.0 作为软件开发工具，可以实现从底层开发到上层直接面向用户的软件。它不但是 C/C++语言的集成开发环境，而且编写代码的成功率高，功能丰富。Visual C++6.0 也是目前应用最为广泛、最为流行的商用软件开发工具之一。

Visual C++6.0 向用户提供了一个可视化的、面向对象的编程环境，微软基础类库 MFC 封装了大部分 Windows API 函数，可以大大降低用户的编程工作量，提高代码的可重用性和编程人员的工作效率。

在 Visual C++6.0 集成开发的环境下，对 Windows 应用程序进行开发主要使用基于 MFC 的 C++编程方式，用这种方式源代码效率较高，函数利用程度高，实现功能简单。相比基于 Windows API 的 C 编程方式，这种方式的开发难度与工作量都比较小。

7.2.2　系统数据结构

系统数据包括用于潮流计算的节点数据、馈线数据、变压器数据和风电机组数据，以及用于可靠性计算的各种元件的可靠性参数。系统根据实际需要将其分为节点数据库、支路数据库、变压器数据库、风电机组数据库四个基础数据库和标准导线数据库、变压器型号数据库、元件可靠性参数数据库三个公共数据库。支路数据库中的部分数据可以直接从标准导线公共数据库中导入、变压器数据库中的部分数据可以直接从变压器型号公共数据库中导入，标准导线公共数据库和变压器型号公共数据库中的部分数据可以直接从元件可靠性参数公共数据库中导入。各数据库之间的关系如图 7.1 所示。

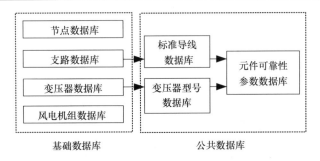

图 7.1　各数据库之间的关系

配电网的网络数据采用分层分区的方法保存。第一级为电业局，第二级为变电站，第三级为线路，第四级为台区。这四个层次的数据呈金字塔式隶属关系，具体层次结构如图 7.2 所示。

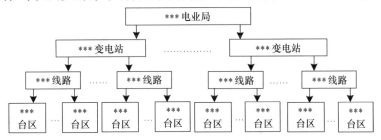

图 7.2　数据层次结构

7.2.3　系统功能结构

系统采用面向对象的程序设计方法，以数据库为核心，通过数据库将各功能模块连接成统一的整体。系统的整体结构如图 7.3 所示。

系统主要由数据库管理、潮流计算分析、可靠性评估、网络重构分析、综合网络优化、风机出力分析、多方案对比分析、敏感度分析、报表打印等 9 个功能模块构成。系统的功能结构如图 7.4 所示。

① 数据库管理功能。包括变电站主变参数、线路结构参数、电源参数、节点负荷参数、开关状态、标准导线库的输入，台区数据和线路接线图的导入(可导入 CAD 格式和图片格式)。同时，还包括数据的删除、复制和粘贴等数据库的修改和维护功能。支路数据、变压器数据、标准导线公共数据和变压器型号公共数据库中的部分数据除可以

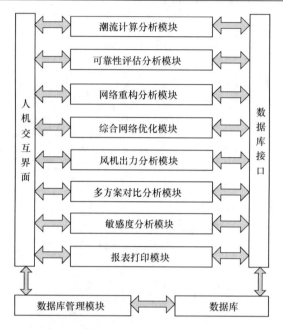

图 7.3　系统结构

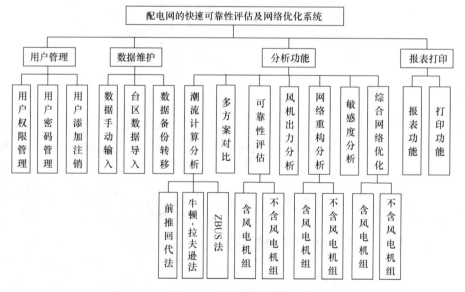

图 7.4　系统功能模块

从其对应的公共数据库中直接导入，考虑设备的老化或实际的运行情况还可以由用户手动输入，以保证系统技术数据的准确性。

　　为满足节点负荷等公用数据与其他系统的共享，方便这些数据的直接获取，本系统提供了与台区远抄系统数据库的互连，可以从台区远抄系统中直接导入并生成所选日的 24/96 点负荷数值实现台区数据的快速、批量更新。台区数据更新和导入如图 7.5 所示。该模块提供的导入数据曲线显示，可以直观分析各台区的负荷曲线特点。另外，为避免导入数据源本身的不良数据，模块中嵌套了不良数据和缺失数据的处理程序供用户选择。

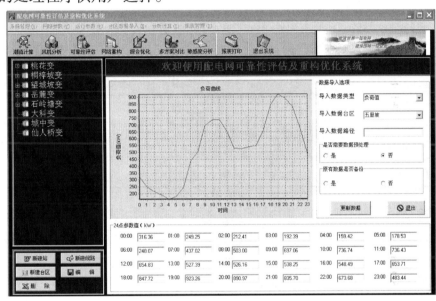

图 7.5　台区数据更新和导入的界面

② 潮流计算功能。潮流计算是电力系统分析的一项基本计算。与输电网络相比，配电网往往具有病态参数、三相负荷不平衡、负荷模型复杂等特点，使得传统的潮流计算方法难以有效解决配电网络潮流计算问题。为确保潮流计算可靠收敛，该系统实现并集成了前推回代法、牛顿-拉夫逊法、ZBUS 法三种潮流算法，能够根据潮流数据自动或手动选择计算速度快、收敛可靠的潮流算法。图 7.6 为潮流计算相关参数的设定界面，主要由潮流计算方法选择、计算参数设置和计算结果的输出方式设置组成。需要注意的是，若该网络含有风电机组，在点击计算后，系统会自动调用风机出力分析模块，其中的潮流计算采用基于风力发电机组 P-Q(V)稳态模型的方法[167]。

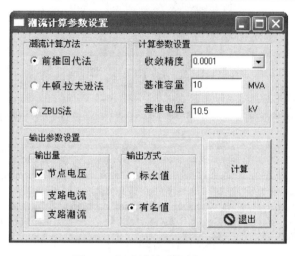

图 7.6　潮流计算功能的界面

　　③ 风机出力分析功能。针对风速分布描述方法、风电机组参数、风电场风速参数的多样性，该功能模块提供了相关参数的计算和分析。其中，风速分布描述方法有 Weibull 分布、皮尔逊Ⅲ型分布、极值Ⅰ型分布等；风电机组参数包含的风电机组类型有结构简单的异步风电发电机、双馈异步风力发电机，以及当前普遍采用的直驱式交流永磁同步发电机，包含的主要风机参数有额定容量、切入风速、额定风速和切出风速；风电场风速参数包括形状参数 k，尺度参数 c。同时，该功能模块还包括场景分析方法的设定，提供满足用户和实践工程的多种场景设定方法，包括典型的三段式划分法、依风速区间划分法和依功率区间划分法。图 7.7 为风机出力分析相关参数的设定界面。

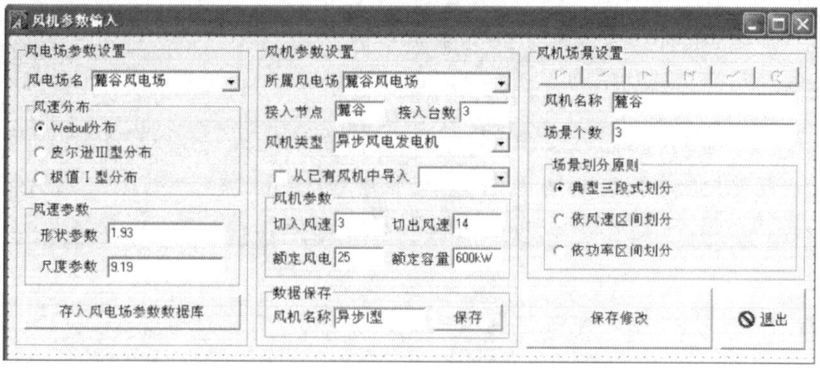

图 7.7　风机出力分析功能的对话框

④ 多方案分析功能。工程实践中经常碰到多个网架方案的对比分析，该模块主要为用户提供多个备选方案的横向比较，为用户提供一个明确的含多元信息的优选信息。多方案比较主要讨论的技术指标包括各节点的可靠性指标综合分析、系统可靠性指标的综合分析、有功损耗比较等。通过这些数据的比较，为用户提供一个横向的直观结论。同时，为满足用户对不同地区的重视程度，系统可以进行全网指标比较，也可以进行用户指定区域的指标比较。图 7.8 为多方案分析的界面。

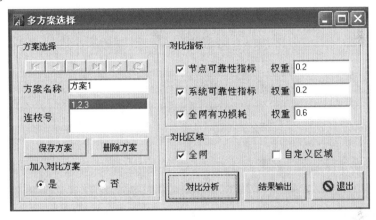

图 7.8 多方案分析功能的界面

⑤ 敏感度分析功能。敏感度分析分为两部分：一部分主要分析系统可靠性指标对某类或某些元件的敏感程度，即系统可靠性对元件参数的影响，通过这部分的分析，可以为用户提供元件选型和改造的依据；另一部分主要分析节点负荷对网络损耗的敏感程度，主要依据负荷耗散分量和路径耗散因子，通过这部分分析，可以为用户提供新线路架设和改造的依据。图 7.9 为敏感度分析的设置界面，对于可靠性敏感度分析部分，可设置节点可靠性指标或(和)系统可靠性指标对 6 种基本元件可靠性参数的敏感度；对于重构敏感度分析部分，可设置有功网损或(和)节点电压对线路阻抗、负荷大小、功率因数、电缆比例和变压器变比的敏感度；满足用户对不同地区的特殊需求，两类敏感度分析都提供全网和用户指定区域的敏感度分析。

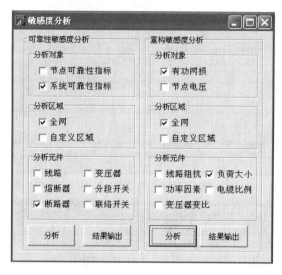

图 7.9　敏感度分析功能的界面

⑥ 结果查看与输出功能。该功能模块包括系统基本数据的输出和打印及计算结果的自定义打印。系统基本数据的输出和打印主要包括网络结构和各元件参数的打印和输出；计算结果的自定义打印涵盖节点可靠性指标、系统可靠性指标、网络重构结果等结果的打印和输出；方案对比信息的自定义打印包括多方案比较，以及敏感度分析结果的打印和输出。

7.3　核心功能模块

7.3.1　可靠性评估分析模块

可靠性模块包括对不含风电机组的配电网可靠性评估和含风电机组的配电网可靠性评估两个功能。分析流程如图 7.10 所示。首先，根据系统的输入参数中是否含有风电机组自动调用相应的模块，若含有风电机组，则调用风电出力分析模块，确定风电机组的类型和参数、风电场风速参数、场景划分的个数和组合方式。然后，该模块选择可靠性分析的方法，本软件提供的可靠性分析方法包括蒙特卡罗法、故障模式影响分析法、网络等值法和本章基于故障指标传递特性的新方法。可靠性评估结束后，系统询问用户是否需要进行敏感性分析，并根据用户选择提供相应的分析。最后，系统生成节点可靠性指标和系统可靠性指标两类可靠性参数，用户可根据自己的需要选择待输出的可靠性指标类型。

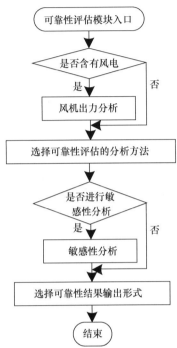

图 7.10 可靠性评估模块的分析流程

可靠性评估分析模块的设置界面如图 7.11 所示。

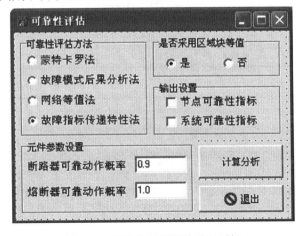

图 7.11 可靠性分析模块的对话框

7.3.2　网络重构分析模块

　　网络重构模块包括对不含风电机组的网络重构和含风电机组的网络重构两个功能。分析流程如图 7.12 所示。首先，根据系统的输入参数中是否含有风电机组自动调用相应的模块，若含有风电机组，则调用风电出力分析模块，确定风电机组的类型和参数、风电场风速参数、场景划分的个数和组合方式。然后，在该模块选择网络重构的分析方法，本系统提供的网络重构分析方法包括支路交换法、最优流法、基本遗传算法和本书提出的最小可行分析法，以及含风电的网络重构方法。用户可以根据自身需要对网络重构的目标函数和约束条件进行设置，目标函数的类型包括系统有功网损、开关动作次数、电压质量，以及它们相互的组合方式，权重也需在此模块中确定。约束条件包括节点电压约束和功率因数等(支路传输功率约束已在线路参数输

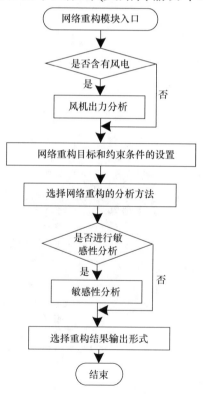

图 7.12　网络重构决策模块的分析流程

入中限定)。网络重构评估结束后，系统询问用户是否需要进行敏感性分析，并根据用户选择提供相应的分析。最后，系统生成网络结构调整前后的方案和效果对比分析，用户可根据自己的需要选择对比分析的指标，也可以默认方式输出。

网络重构分析模块的设置界面如图 7.13 所示。

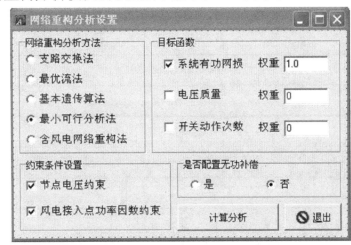

图 7.13　网络重构分析模块的对话框

7.3.3　综合网络优化模块

综合网络优化模块同样包括对不含风电机组的综合评估和含风电机组的综合评估两个功能，软件流程如图 7.14 所示。首先，根据系统输入参数中是否含有风电机组自动调用相应的模块。然后，对综合评估的目标函数和相应权重进行设置，该部分提供两种权重的设置方式，包括直接设置权重和按第 6 章中所用的判断矩阵法确定权重。接着，对考虑系统可靠性的配电网重构算法的参数进行设置，并调用该计算方法。综合分析结束后，软件询问用户是否需要进行敏感性分析，并根据用户选择提供相应的分析。最后，系统生成几种典型方案和效果对比分析，主要包括考虑系统可靠性和不考虑系统可靠性重构方案和效果的对比分析。用户可以根据自己的需要选择对比分析的指标，也可以默认方式输出。

综合网络优化模块的设置界面如图 7.15 所示。

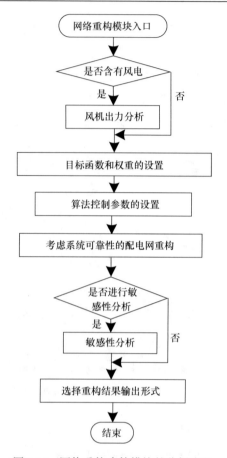

图 7.14 网络重构决策模块的分析流程

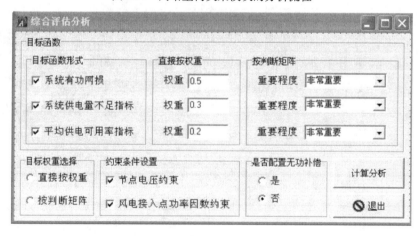

图 7.15 综合分析模块的对话框

7.4　使 用 方 法

以某市城区电网为例，下面给出系统功能的使用方法。

7.4.1　实际配电网简介

如图7.16所示为某市城区部分10kV线路的接线图。该局部网络有三个10kV变电站，分别记为大科变、城中变和仙人桥变，三个变电站之间形成互联。该区域所带负荷台区数为 54 个，变压器台数为 68 台、容量为23.91MV·A，负荷类型包括商业负荷、政府办公负荷和农业负荷。该区域的线路结构复杂，是典型的电缆线路和架空线路混合线路，其中主干线以 YJV-300 和 LGJ-240 为主，支线包括 LGJ-50、LGJ-70 和 YJV-50 等线路型号。为模拟风电出力的影响，在该区域的313杆号位置接入单台异步风电机组，机组参数和风速参数与 6.5.1 节示例一致。

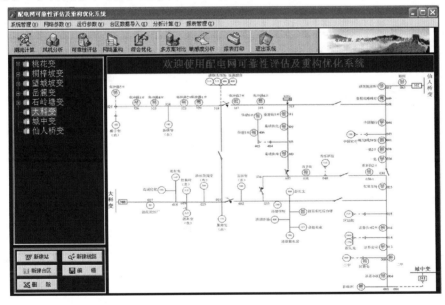

图 7.16　实际城市配电网的接线图

7.4.2　可靠性评估分析模块的应用

运行本系统的可靠性评估分析模块，可靠性评估方法选择本书提出的故障指标传递特性法，并采用区域块等值模型。设置断路器、熔断器的可靠动作概率均为 1.0，输出设置中选定节点可靠性指标和系统可靠性指标两类指标。可靠性评估结束后，选择调用可靠性敏感性分析，敏感性分析的分析对象为系统可靠性指标，分析区域为全网，分析元件为断路器。

根据功能选择系统自动生成可靠性评估分析报表。该报表分为可靠性评估计算结果、敏感性分析结果、结果分析与建议等部分。可靠性评估计算结果列出了负荷节点可靠性参数和系统可靠性参数，其中，负荷节点可靠性参数包括年故障停运率、平均停运持续时间、平均停运时间；系统可靠性参数包括系统平均停电频率指标、系统平均停电持续时间指标、用户平均停电持续时间指标、平均供电可用率指标、系统供电量不足指标。敏感性分析结果列出了系统供电用量不足指标与断路器元件年故障停运率和平均停运时间的关系，着重分析了断路器元件年故障停运率和平均停运时间两个参数的变化对系统供电用量不足指标的影响。主要包括以下结果分析与建议。

① 判断该网络在当前结果下，可靠性水平是否满足国家标准的要求。

② 在不满足国家标准要求的情况下，给出当前网络的薄弱环节和网络结构调整的建议。

③ 通过敏感性分析，判断元件选型是否恰当，并给出合理的元件可靠性参数范围供用户参考。

7.4.3　网络重构分析模块的应用

运行本系统的网络重构分析模块，网络重构方法选择最小可行分析法，目标函数选定为系统有功网损，约束条件选定节点电压约束，并在最大和最小电压框中分别输入 1.05p.u.和 0.95p.u.，分析过程不配置无功补偿。网络重构分析结束后，选择调用重构敏感性分析，敏感性分析的分析对象为有功网损，分析区域为全网，分析元件为负荷。

图 7.17 为重构后的系统结构图。同样，根据功能选择系统自动生成网络重构分析报表。报表分为网络重构计算结果、敏感性分析结果、结果分析与建议几部分。网络重构计算结果列出了重构前后系统

的连枝号、有功网损、节点电压最低值。敏感性分析结果列出了系统有功网损与各节点负荷的关系，并以灵敏度系数的方式显示出来。主要包括以下结果分析与建议。

① 造成网络损耗增大的主要区域及对该区域的网络改造建议。

② 识别网络中的"卡脖子"线路和元件，并给出上述元件的改造建议。

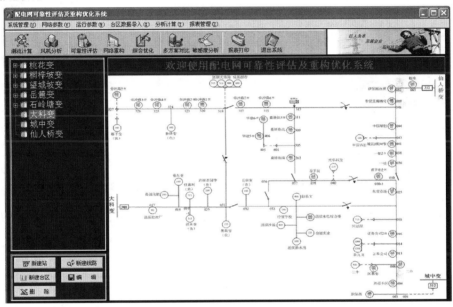

图 7.17　网络重构后的系统结构图

7.4.4　综合网络优化模块的应用

运行本系统的综合网络优化分析模块。综合网络优化的目标函数包括系统有功网损、系统供电量不足指标、平均供电可用率指标。按判断矩阵确定各个指标的权重。约束条件选定节点电压约束，并在最大和最小电压框中分别输入 1.05p.u.和 0.95p.u.，分析过程不配置无功补偿。可靠性评估结束后，选择调用可靠性敏感性分析，敏感性分析的分析对象为系统可靠性指标，分析区域为全网，分析元件为断路器。选择调用重构敏感性分析，敏感性分析的分析对象为有功网损，分析区域为全网，分析元件为负荷。

图 7.18 为考虑可靠性的重构后系统结构图。根据功能选择系统自动生成包括可靠性分析和网络重构分析两方面内容的报表。

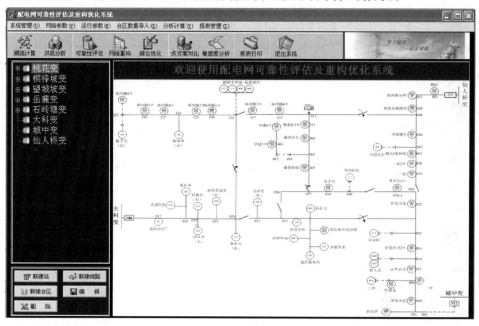

图 7.18　考虑可靠性的网络重构后的系统结构图

7.5　小　　结

本章主要介绍配电网的快速可靠性评估、重构优化系统的功能结构及其在实际工程中的典型应用。该系统以前几章介绍的基于故障指标传递特性的配电网可靠性快速评估方法、考虑风电随机性的配电网可靠性快速评估方法、基于最小可行分析对象的配电网快速重构方法、考虑风电随机性的配电网重构场景模型和算法、考虑可靠性的配电网网络重构等一系列模型和算法为基础，以 Visual C++6.0 作为软件开发工具，采用面对对象的设计方法，以数据库位核心，通过数据库将各功能模块连接成一个统一的整体。该系统功能结构清晰、操作简单、使用方便。

参 考 文 献

[1] 王守相, 王成山. 现代配电系统分析[M]. 北京: 高等教育出版社, 2007.

[2] 郭永基. 电力系统可靠性原理和应用(上)[M]. 北京: 清华大学出版社, 1986.

[3] 郭永基. 电力系统可靠性原理和应用(下)[M]. 北京: 清华大学出版社, 1986.

[4] 张蔼蔷. 故障树分析在电力系统可靠性研究中的应用[J]. 华东电力, 2005, 33(2): 15-17.

[5] 郭永基. 电力系统可靠性分析[M]. 北京: 清华大学出版社, 2003.

[6] 陈文高. 配电系统可靠性实用基础[M]. 北京: 中国电力出版社, 1998.

[7] 邓立华, 陈星莺. 配电系统可靠性分析综述[J]. 电力自动化设备, 2004, 24(4): 74-77.

[8] 徐钟济. 蒙特卡罗方法[M]. 上海:上海科学技术出版社, 1985.

[9] 张静. 基于序贯蒙特卡罗仿真的配电网可靠性评估模型的研究[D]. 合肥：合肥工业大学硕士学位论文, 2004.

[10] Liang X, Goei L. Distribution system reliability evaluation using the monte carlo simulation method[J]. Electric Power System Research, 1997, 40(2): 75-83.

[11] Balijepalli N,Venkata S. Modeling and analysis of distribution reliability indices[J]. IEEE Transaction on Power Delivery, 2004, 19(4): 1950-1955.

[12] Goel L, Liang X, Ou Y. Monte Carlo simulation-based customer service reliability assessment[J]. Electric Power system Research, 1999, 49(4): 185-194.

[13] Asgarpoor S, Mathine M J . Reliability evaluation of distribution systems with non-exponential down times[J]. IEEE Transactions on Power Systems, 1997, 12(2): 579-584.

[14] Billinton R, Wang P. Teaching distribution system reliability evaluation using Monte Carlo simulation[J]. IEEE Transactions on Power Systems, 1999, 14(2): 397-403.

[15] Billinton R, Wang P. Reliability cost/worth assessment of distribution systems incorporating time-varying weather conditions and restoration resourses[J]. IEEE Transactions on Power Systems, 2002, 17(1): 260-265.

[16] 丁明, 张静, 李生虎. 基于序贯蒙特卡罗仿真的配电网可靠性评估模型[J]. 电网技术, 2004, 28(3): 38-42.

[17] Goel L. Monte Carlo simulation based reliability studies of a distribution test system[J]. Electric Power Systems Research, 2000, 54(1): 55-65.

[18] 丁明, 李生虎. 可靠性计算中加快蒙特卡罗仿真收敛速度的方法[J]. 电力系统自动化, 2000, 24(12): 16-19.

[19] 王成山, 谢莹华, 崔坤台. 基于区域非序贯仿真的配电系统可靠性评估[J]. 电力系统自动化, 2005, 29(14): 39-43.

[20] 万国成, 任震, 吴日昇, 等. 混合法在复杂配电网可靠性评估中的应用[J]. 中国电机工程学报, 2004, 24(9): 92-98.

[21] Billinton R, ALLAN R N. Reliability Evaluation of Engineering Systems[M]. New York: Plenum Press, 1984.

[22] Henley E J , Hiromitsu K. Reliability Engineering and risk Asscssmont[M]. New York: Prentice

Hall, 1981.

[23] Billinton R, Allanil N. Reliability Evaluation of Power systems[M]. NewYork: Pleum Press, 1984.

[24] Billinton R, Billinton J. Distribution system reliability indices[J]. IEEE Transactions on Power System, 1989, 4(2): 470-491.

[25] 张滕, 张波. 复杂配电系统的可靠性评估[J]. 继电器, 2004, 32(15): 19-21.

[26] Allan R N, Billinton R, Sjarief I, et al. A reliability test system for educational purpose-basic distribution system data and results[J]. IEEE Transactions on Power Systems, 1991, 6(2): 813-830.

[27] Billinton R, Jonnavithula S. A test system for teaching overall power system reliability assessment[J]. IEEE Transactions on Power Systems, 1996, 11(4): 1670-1676.

[28] 李志民, 李卫星, 刘迎春. 复杂辐射状配电系统可靠性评估的故障遍历算法[J]. 电力系统自动化, 2002, 26(2): 53-56.

[29] 李卫星, 李志民, 刘迎春. 复杂辐射状配电系统的可靠性评估[J]. 中国电机工程学报, 2003, 23(3): 69-73, 79.

[30] 徐珍霞, 周江昕. 复杂配电网可靠性评估的改进故障遍历法[J]. 电网技术, 2005, 29(14): 64-67.

[31] 张焰, 陈章潮. 35/10kV 配电网规划中的可靠性定量评估[J]. 上海交通大学学报, 1995, 29(5): 198-201.

[32] 别朝红, 王锡凡. 配电系统的可靠性分析[J]. 中国电力, 1997, 30(5): 10-13.

[33] 李明东, 别朝红, 王锡凡. 实用配电网可靠性方法的研究[J]. 西北电力技术, 1992, 1(2): 1-71.

[34] 戴雯霞, 吴捷. 基于最小路的配电网可靠性快速评估法[J]. 电力自动化设备, 2002, 22(7): 29-311.

[35] Xie K G, Zhou J Q, Billinton R. Reliability evaluation algorithm for complex medium voltage electrical distribution networks based on the shortest path[J]. IEE Proceedings-Generation Transmission and Distribution, 2003, 150(6): 686-690.

[36] 姚李孝, 彭金宁. 复杂配电系统的可靠性评估[J]. 西安理工大学学报, 2004, 20(1): 44-49.

[37] 杨文宇, 余健明. 基于最小割集的配电系统可靠性评估算法[J]. 西安理工大学学报, 2001, 17(4): 387-392.

[38] Ozdemir A, Caglar R, Mekic E. A new active failure simulation approach for distribution system reliability assessment[C]//International Conference on Power System Technology, 1998, 1: 237-240.

[39] 张鹏, 郭永基. 基于故障模式影响分析法的大规模配电系统可靠性评估[J]. 清华大学学报: 自然科学版, 2002, 42(3): 353-357.

[40] 别朝红, 王秀丽, 王锡凡. 复杂配电系统的可靠性评估[J]. 西安交通大学学报, 2000, 34(8): 9-13.

[41] Billinton R, Wang P. Reliability-network-equivalent approach to distribution-system -reliability evaluation [J]. IEE Proceedings-Generation Transmission and Distribution, 1998, 145(2): 149-153.

[42] 万国成, 任震, 田翔. 配电网可靠性评估的网络等值法模型研究[J]. 中国电机工程学报, 2003, 23(5): 48-521.

[43] Wang P, Billinton R. Unreliability cost assessment of an electric power system using reliability network equivalent approaches[J]. IEEE Transaction on Power Systems, 2002, 17(3): 549-556.

[44] 夏岩, 刘明波, 等. 带有复杂分支子馈线的配电系统可靠性评估[J]. 电力系统自动化, 2002, 12(4): 40-44.

[45] 沈亚东, 侯牧武. 应用单向等值法评估配电网可靠性[J]. 电网技术, 2004, 28(7): 68-72.

[46] 陆志峰, 周家启. 计及开关和母线故障地配电系统可靠性评估[J]. 电网技术, 2002, 26(4): 26-29.

[47] 谢莹华, 王成山. 基于馈线分区的中压配电系统可靠性评估[J]. 中国电机工程学报, 2004, 24(5): 35-39.

[48] 刘柏私, 谢开贵, 马春雷, 等. 复杂中压配电网的可靠性评估分块算法[J]. 中国电机工程学报, 2005, 25: 40-45.

[49] 卫志农, 周封伟, 肖川凌. 基于简化网络模型的复杂中压配电网分析可靠性评估算法[J]. 电网技术, 2006, 30(15): 72-75.

[50] 刘会家, 贾智斌, 胡汉梅. 一种基于区域模型的中压配电网可靠性评估算法研究[J]. 三峡大学学报(自然科学版), 2007, 29(6): 513-516

[51] Xie K, Zhou J, Billinton R. Fast algorithm for the reliability evaluation of large-scale electrical distribution networks using the section technique[J]. IET Proceedings-Generation Transmission and Distribution, 2008, 2(5): 701-707.

[52] Chen J L , Chang S H. A neural network approach to evaluate distribution system reliability[C]// IEEE International Conference on Systems Engineering, 1992: 487-490.

[53] Amjady N, Ehsan M. Evaluation of power systems reliability by an artificial neural network[J]. IEEE Transaction on Power Systems, 1999, 14(1): 287-292.

[54] Chert J L , Chang S H. A neural network approach to evaluate distribution system reliability[J]. IEEE Transaction on Power Systems, 1992: 487-490.

[55] Luo X, Mgll C S, Patton A D. Power system reliability evaluation using self organizing map[J]. IEEE Transaction on Power Systems, 2000: 1103-1108.

[56] MAH EI-Sayed, Seitz T, Montebaur A. Fuzzy sets for reliability assessment of electric power distribution systems[J]. Symposium on Circuits and Systems, 1994, 2: 1491-1494.

[57] 孙洪波. 发输电组合系统的模糊可靠性评估[J]. 电力系统及其自动化学报, 1996, 8(1): 28-32.

[58] 张焰. 电网规划中的模糊可靠性评估方法[J]. 中国电机工程学报, 2000, 20(11): 77-80.

[59] Firuzabad M F, Ghahnavie A R. An analytical method to consider DG impact on distribution system reliability[C]//IEEE Transmission and Distribution Conference and Exhibition, 2005: 1-6.

[60] 钱科军, 袁越, Zhou C K. 分布式发电对配电网可靠性的影响研究[J]. 电网技术, 2008, 32(11): 74-78.

[61] 马立克, 王成山. 计及风能/光能混合发电系统的配电系统可靠性分析[J]. 电力系统自动化, 2005, 29(23): 33-38.

[62] 马立克. 间歇式可再生能源分布式发电对配电系统的影响研究[D]. 天津：天津大学博士学位论文, 2007.

[63] Billinton R. Wang P. Reliability benefit analysis of adding WTG to a distribution system[J]. IEEE Transactions on Energy Conversion, 2001, 16(2): 134-139.

[64] Wang P, Billinton R. Time-sequential simulation technique for rural distribution system reliability cost/worth evaluation including wind generation as alternative supply[J]. IEE Proceedings-C, 2001, 148(4): 355-360.

[65] Momoh J A, Sowah R. A distribution system reliability in a deregulated environment: a case study[C]//Proceedings of IEEE PES, Transimisson and Distribution Conference and Exposition, 2003: 562-567.

[66] 卢锦玲, 栗然, 刘艳, 等. 基于状态空间法的地区环式供电网可靠性分析[J]. 电力系统自动化, 2003, 27(11): 21-24

[67] Brwone R E, Gupta S, Christie R D. Distribution system reliability assessment using hierarchical markov modeling[J]. IEEE Transactions on power delivery, 1996, 11(4): 1929-1934.

[68] 张鹏, 王守相. 大规模配电系统可靠性评估的区间算法[J]. 中国电机工程学报, 2004, 24(3): 77-84.

[69] 张大海, 江世芳, 赵建国. 配电网重构研究的现状与展望[J]. 电力自动化设备, 2002, 22(2): 75-77.

[70] 冯树海, 管益斌. 配电系统网络重构方法研究[J]. 电力自动化设备, 2002, 22(5): 13-16.

[71] Civanlar S, Grainger J J, Yin H, et al. Distribution feeder reconfiguration for loss reduction[J]. IEEE Trans on Power Delivery, 1988, 3(3): 1217-1223.

[72] Dariush S, Hong H W. Reconfiguration of electric distribution networks for resistive line losses reduction[J]. IEEE Transactions on Power Delivery, 1989, 4(2): 1492-1498.

[73] Kashem M A, Moghavvemi M. Loss reduction in distribution networks using new network reconfiguration algorithm[J]. Electric Machines and Power Systems, 1998, (26): 815-829.

[74] Wang J C, Chiang H D, Darling G R. An efficient algorithm for real Time network reconfiguration in large scale unbalanced distribution systems[J]. IEEE Transactions on Power Systems, 1996, 11(1): 511-517.

[75] Rubin T, Dragoslav R. Distribution network reconfiguration for energy loss reduction[J]. IEEE Trans on Power Systems, 1997, 12(1): 398-406.

[76] 毕鹏翔, 刘健, 张文元. 配电网潮流支路电流法收敛性研究[J]. 西安交通大学学报, 2001, 35(4): 343-346.

[77] 毕鹏翔, 刘健, 张文元. 配电网络重构的改进支路交换法[J]. 中国电机工程学报, 2001, 21(8): 98-103.

[78] 张栋, 张刘春, 傅正财. 配电网络重构的快速支路交换算法[J]. 电网技术, 2005, 29 (9): 82-85.

[79] 屠强, 郭志忠. 辐射型配电网重构的二次电流矩法[J]. 中国电机工程学报, 2006, 26(16): 57-61.

[80] 郝文波, 于继来. 基于负荷受电路径电气剖分信息的配电网重构算法[J]. 中国电机工程学

报, 2008, 28(19): 42-48.

[81] 刘栋, 陈允平, 沈广, 等. 负荷随机性对网损计算和配电网重构的影响[J]. 电力系统自动化, 2006, 30(9): 25-29.

[82] Shirmohammadi D, Hong H W. Reconfiguration of electric distribution networks for resistive line loss reduction[J]. IEEE Transactions on Power Systems, 1989, 4(2): 1492-1498.

[83] Goswami S K, Basu S K. A new algorithm for the reconfiguration of distribution feeders for loss reduction[J]. IEEE Transcactions on Power Systems, 1992, 7(3): 1484-1491.

[84] Vesna B, Rajicic D. Improved method for loss minimization in distribution networks[J]. IEEE Transactions on Power Systems, 1995, 10(3): 1420-1425.

[85] 邓佑满, 张伯明, 相年德. 配电网重构的改进最优流模式算法[J]. 电网技术, 1995, 19(7): 47-50.

[86] 吴本悦, 赵登福, 刘云, 等. 一种新的配电网络重构最优流模式算法[J]. 西安交通大学学报, 1999, 33(4): 21-24.

[87] 刘蔚, 韩祯祥. 基于最优流法和遗传算法的配电网重构[J]. 电网技术, 2004, 28(19): 29-33.

[88] 王威, 韩学山, 王勇, 等. 一种减少生成树数量的配电网最优重构算法[J]. 中国电机工程学报, 2008, 28(16): 34-38.

[89] 雷健生, 邓佑满, 张伯明. 综合潮流模式及其在配电系统网络重构中的应用[J]. 中国电机工程学报, 2001, 21(1): 57-62.

[90] 宋平, 张焰, 蓝毓俊. 改进遗传算法在配电网重构中的应用[J]. 上海交通大学学报, 1999, 33(4): 488-491.

[91] 唐斌, 罗安, 王击. 改进遗传算法的编码策略及其在配电重构中的应用[J]. 继电器, 2004, 32(13): 35-39.

[92] 余贻鑫, 邱炜, 刘若沁. 基于启发式算法与遗传算法的配电网重构[J]. 电网技术, 2001, 25(11): 19-22.

[93] 毕鹏翔, 刘健, 刘春新, 等. 配电网络重构的改进遗传算法[J]. 电力系统自动化, 2002, 25(14): 57-61.

[94] 郑欣, 杨丽徙, 谢志棠. 配电网络重构的改进混合遗传算法[J]. 继电器, 2004, 32(5): 11-15.

[95] 麻秀范, 张粒子, 等. 基于十进制编码的配网重构遗传算法[J]. 电工技术学报, 2004, 19(10): 65-69.

[96] 余健明, 蔡利敏. 基于改进遗传算法的配电网络重构[J]. 电网技术, 2004, 28(9): 71-73.

[97] 蒙文川, 邱家驹. 基于免疫算法的配电网重构[J]. 中国电机工程学报, 2006, 26(17): 25-29.

[98] 杨建军, 战红, 刘扬. 基于环路和改进遗传算法的配电网络重构优化[J]. 高电压技术, 2007, 33(5): 109-113.

[99] 李晓明, 黄彦浩, 尹项根. 基于改良策略的配电网重构遗传算法[J]. 中国电机工程学报, 2004, 24(2): 49-54.

[100] 王秀云, 任志强, 楚冬青. 基于改进遗传算法的配电网络重构[J]. 电网技术, 2007, 31(2): 154-157.

[101] 王超学, 李昌华, 刘健, 等. 用基于基因疗法的遗传算法求解配电网重构[J]. 电力系统及其自动化学报, 2008, 20(4): 39-35.

[102] 梁勇, 张焰, 侯志俭. 遗传算法在配电网重构中的应用[J]. 电力系统及其自动化学报,

1998, 20(4): 29-34.

[103] 王超学, 李昌华, 崔杜武, 等. 一种新的求解配电网重构问题的免疫遗传算法[J]. 电网技术, 2008, 32(13): 25-30.

[104] 余健明, 姜明月, 杨文宇. 一种基于改进遗传算法的最小化停电损失费用的配电网重构[J]. 西安理工大学学报, 2005, 21(4): 387-391.

[105] 杨建军, 战红, 陈宪国. 基于遗传算法并避免不可行解的配电网络重构优化[J]. 电力系统保护与控制, 2008, 36(17): 43-46.

[106] 余健明, 蔡利敏, 杨文宇. 基于提高系统可靠性降低网损的配电网络重构[J]. 电工技术学报, 2004, 19(10): 70-73.

[107] 欧阳武, 程浩忠, 张秀彬, 等. 基于随机生成树策略的配网重构遗传算法[J]. 高电压技术, 2008, 34(8): 1726-1730.

[108] 刘扬, 杨建军, 魏立新. 改进遗传模拟退火算法在配电网络重构中的应用[J]. 电力系统及其自动化学报, 2004, 16(5): 39-44.

[109] 熊浩, 刘启胜, 黄彦浩. 双层遗传算法应用于配电网重构的研究[J]. 西安理工大学学报, 2004, 30(3): 56-59.

[110] 黄彦浩, 李晓明, 尹项根. 配电网重构遗传算法的动态"回路"编码与"树形"解码技术[J]. 继电器, 2004, 32(14): 12-15.

[111] Radha B, King R T F, Rughooputh H C S. A modified genetic algorithm for optimal electrical distribution network reconfiguration[C]//Congr. Evolutionary Computation, (CEC'03), 2003.

[112] Hong Y Y, Ho S Y. Determination of network configuration considering multiobjective in distribution systems using genetic algorithms [J]. IEEE Trans on Power Systems, 2005, 20(2): 1062-1069.

[113] Hsiao Y T. Multiobjective evolution programming method for feeder reconfiguration[J]. IEEE Trans on Power Systems, 2004, 19(1): 594-599.

[114] Radha B, King R T F, Rughooputh H C S. A modified genetic algorithm for optimal electrical distribution network reconfiguration[C]//Proceedings of 2003 Congress Evolutionary Computation, 2003.

[115] Chu P C, Beasley J E. A genetic algorithm for the generalized assignment problem [J]. Computers and Operations Research, 1997, 24(1): 17-23.

[116] Carreno E M, Romero R, Feltrin A P. An efficient codification to solve distribution network for loss reduction problem [J]. IEEE Transactions on Power Systems, 2008, 23(4): 1542-1551.

[117] Glover F, Laguna M. Tabu Search [M]. Basel: Science, 1993.

[118] 陈根军, 李繼洸, 唐国庆. 基于 Tabu 搜索的配电网络重构算法[J]. 中国电机工程学报, 2002, 12(10): 28-33.

[119] 葛少云, 刘自发, 余贻鑫. 基于改进禁忌搜索的配电网重构[J]. 电网技术, 2004, 28(23): 22-26.

[120] 左飞, 周家启. TS 算法在配电网重构中的应用[J]. 电力系统及其自动化学报, 2004, 16(1): 66-69.

[121] 张栋, 张刘春, 傅正财. 基于改进禁忌算法的配电网络重构[J]. 电工技术学报, 2005, 20(11): 60-64.

[122] 殷平, 李曼丽. 基于禁忌搜索的同步开关法在配电网重构中的应用[J]. 南昌大学学报, 2007, 29(2): 202-204.

[123] 张忠会, 李曼丽, 熊宁, 等. 基于改进禁忌搜索的配电网重构[J]. 继电器, 2007, 35(10): 41-44.

[124] 熊宁, 程浩忠. 基于开关组的禁忌算法在配电网动态重构中的应用[J]. 电力系统化, 2008, 32(11): 56-60.

[125] Kennedy J, Eberhart R C. Particle swarm optimization[C]//Proceedings of IEEE Int'l Conference on Neural Networks, 1995.

[126] 许立雄, 吕林, 刘俊勇. 基于改进粒子群优化算法的配电网络重构[J]. 电力系统自动化, 2006, 30(7): 27-30.

[127] 李振坤, 陈星莺, 余昆, 等. 配电网重构的混合粒子群算法[J]. 中国电机工程学报, 2008, 28(31): 35-41.

[128] 李振坤, 陈星莺, 赵波, 等. 配电网动态重构的多代理协调优化方法[J]. 中国电机工程学报, 2008, 28(34): 72-79.

[129] 陈曦, 程浩忠, 戴岭, 等. 邻域退火粒子群算法在配电网重构中的应用[J]. 高电压技术, 2008, 34(1): 148-153.

[130] 赵晶晶, 李新, 彭怡, 等. 基于粒子群优化算法的配电网重构和分布式电源注入功率综合优化算法[J]. 电网技术, 2008, 33(17): 162-166.

[131] 王秀云, 熊谦敏, 杨劲松. 基于改进粒子群动态搜索算法的配电网络重构研究[J]. 电力系统保护与控制, 2009, 37(13): 43-47.

[132] 吕林, 王佳佳, 刘俊勇, 等. 基于多粒子群分层分布式优化的配电网重构[J]. 电力系统保护与控制, 2009, 37(19): 56-61.

[133] 卢志刚, 杨国良, 张晓辉, 等. 改进二进制粒子群优化算法在配电网络重构中的应用[J]. 电力系统保护与控制, 2009, 37(7): 30-34.

[134] 靳晓凌, 赵建国. 基于改进二进制粒子群优化算法的负荷均衡化配电网重构[J]. 电网技术, 2005, 29(23): 40-43.

[135] Chiang H D, Rene J J. Optimal network reconfigurations in distribution systems: part1 a new formulation and solution methodology[J]. IEEE Transactions on Power Delivery, 1990, 5(4): 1902-1909.

[136] Chiang H D, Rene J J. Optimal network reconfigurations in distribution systems: part2 solution algorithms and numerical results[J]. IEEE Transactions on Power Delivery, 1990, 5(3): 1568-1574.

[137] 胡敏, 陈元. 配电系统最优网络重构的模拟退火算法[J]. 电力系统自动化, 1994, 18(2): 24-28.

[138] Chang H C, Kuo C C. Network reconfiguration in distribution systems using simulated annealing[J]. Electric Power Systems Research, 1994, (29): 227-238.

[139] Jiang D, Baldick R. Optimal electric distribution system switch reconfiguration and capacitor control[J]. IEEE Transactions on Power Systems, 1995, 11(2): 890-897.

[140] Dorigo M, Gambardella L M. Ant colony system: a cooperative learning approach to the traveling salesman problem[J]. IEEE Transactions on Evolutionary Computation, 1997, 1(1):

53-66.

[141] 陈根军, 王磊, 唐国庆. 基于蚁群最优的配电网络重构算法[J]. 电力系统及其自动化学报, 2001, 13(2): 48-53.

[142] Carpaneto E, Chicco G. Ant-colony search-based minimum losses reconfiguration of distribution systems[C]// The 12th IEEE Mediter-ranean Electro technical Conference, 2004, 3: 971-974.

[143] Ahuja A, Pahwa A. Using ant colony optimization for loss minimization in distribution networks[C]// The 37th Annual North American Power Symposium, 2005: 470-474.

[144] Wang C X, Cui D W, Zhang Y K, et al. A novel ant colony system based on cure mechanism of traditional Chinese medicine for TSP[J]. International Journal of Computer Science and Network Security, 2006, 6(5A): 153-158.

[145] 黄健, 张尧, 李绮雯. 蚁群算法在配电网重构的应用[J]. 电力系统及其自动化学报, 2007, 19(4): 59-64.

[146] 汪超, 马红卫, 胡志坚, 等. 基于蚁群系统(ACS)的配电网重构[J]. 继电器, 2006, 34(23): 35-39.

[147] 姚李孝, 任艳楠, 费健安. 基于蚁群算法的配电网网络重构[J]. 电力系统及其自动化学报, 2007, 19(6): 35-39.

[148] 王超学, 崔杜武, 崔颖安, 等. 使用基于中医思想的蚁群算法求解配电网重构[J]. 中国电机工程学报, 2008, 28(27): 13-18.

[149] 王淳, 程浩忠. 基于模拟植物生长算法的配电网重构[J]. 中国电机工程学报, 2007, 27(19): 50-55.

[150] 麻秀范, 张粒子, 孔令宇. 基于家族优生学的配网重构[J]. 中国电机工程学报, 2004, 24(10): 97-102.

[151] 吴少岩, 张青富, 陈火旺. 基于家族优生学的进化算法[J]. 软件学报, 1997, 18(2): 137-144.

[152] Kim H, Ko Y, Jung K H. Artificial neural network based feeder reconfiquration for loss reduction in distribution systems[J]. IEEE Transactions on Power Delivery, 1993, 8(3): 1356-1366.

[153] Kashem M A, Jasmon G B, Mohamed A, et al. Artificial neural network approach to network reconfiguration for loss minimization in distribution networks[J]. International Journal of Electrical Power & Energy Systems, 1998, 2004: 247-258.

[154] Jin L C, Qiu J J. Network reconfiguration for networks[C]//Proceedings Power System Technology, CMAC Neural Network Based Loss Minimization of International in Distribution Conference on, 2002.

[155] 刘蔚, 韩祯祥. 基于支持向量机的配电网重构[J]. 电力系统自动化, 2005, 29(7): 48-52.

[156] 刘柏私, 谢开贵, 周家启. 配电网重构的动态规划算法[J]. 中国电机工程学报, 2005, 25(9): 29-34.

[157] Choi J H, Kim J C. Network reconfiguration at the power distribution system with dispersed generations for loss reduction[C]//Proceedings of 2000 IEEE Power Engineering Society Winter Meeting, 2000.

[158] Choi J H, Kim J C, Moon S. Integration operation of dispersed generations to automated

distribution networks for network reconfiguration[C]// Proceedings of 2003 IEEE Power Tech Conference, 2003.

[159] De Oliveira M E, Ochoa L F, Padilha-Feltrin A. Network reconfiguration and loss allocation for distribution systems with distributed generation[C]//Proceedings of IEEE/PES Transmission and Distribution Conference and Exposition, 2013: 206-211.

[160] 卢志刚, 董玉香. 含分布式电源的配电网故障恢复策略[J]. 电力系统自动化, 2007, 31(1): 89-93.

[161] 丁明, 吴义纯, 张立军. 风电场风速概率分布参数计算方法的研究[J]. 中国电机工程学报, 2005, 25(10): 107-110.

[162] 张弓, 曹国臣. 一种形成配电网节点阻抗阵的新方法[J]. 东北电力学院学报, 1998, 18(4): 30-36.

[163] 江辉, 彭建春. 联营与双边交易混合模式下的输电网损耗分配方法及其特性[J]. 中国电机工程学报, 2006, 26(8): 49-54.

[164] Peng J C, Jiang H, Song Y H. A weakly conditioned imputation of an impedance branch dissipation powe[J]. IEEE Transactions on Power Systems, 2007, 22(4): 2124-2133.

[165] Peng J C, Jiang H, Xu G, et al. Independent marginal losses with application to locational marginal price calculation[J]. IEE Proceedings-Generation Transmission and Distribution, 2009, 3(7): 679-689.

[166] 李润生, 潘根. 异步电机发电[M]. 北京: 水利电力出版社, 1986.

[167] 王守相, 江兴月, 王成山. 含风力发电机组的配电网潮流计算[J]. 电网技术, 2006, 30(21): 42-45.

[168] Andrés E, Feijóo J C. Modeling of wind farms in the load flow analysis[J]. IEEE Transactions on Power Systems, 2000, 15(1): 110-115.

[169] 刘自发, 葛少云, 余贻鑫. 一种混合智能算法在配电网络重构中的应用[J]. 中国电机工程学报, 2005, 25(15): 73-78.

附录 A　RBTS-BUS6 测试系统数据

表 A.1　RBTS-BUS6 电气参数

长度/km	线路号
0.6	2，3，8，9，12，13，17，19，20，24，25，28，31，34，41，47
0.75	1，5，6，7，10，14，15，22，23，26，27，30，33，43，61
0.8	4，11，16，18，21，29，32，55
0.9	38，44
1.6	37，39，42，49，54，62
2.5	36，40，52，57，60
2.8	35，46，50，56，59，64
3.2	45，51，53，58，63
3.5	48

附录 B IEEE 33 节点配电系统数据

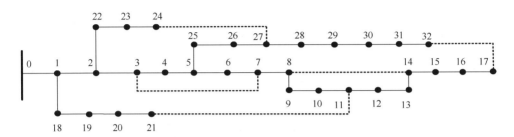

图 B.1 IEEE 33 节点配电系统接线图

表 B.1 IEEE 69 节点配电系统的支路参数和母线负荷数据

支路号	首端母线	末端母线	电阻/Ω	电抗/Ω	有功负荷/kW	无功负荷/kvar
1	0	1	0.0922	0.0470	100.0	60.0
2	1	2	0.4930	0.2511	90.0	40.0
3	2	3	0.3660	0.1864	120.0	80.0
4	3	4	0.3811	0.1941	60.0	30.0
5	4	5	0.8190	0.7070	60.0	20.0
6	5	6	0.1872	0.6188	200.0	100.0
7	6	7	0.7114	0.2351	200.0	100.0
8	7	8	1.0300	0.7400	60.0	20.0
9	8	9	1.0440	0.7400	60.0	20.0
10	9	10	0.1966	0.0650	45.0	30.0
11	10	11	0.3744	0.1238	60.0	35.0
12	11	12	1.4680	1.1550	60.0	35.0
13	12	13	0.5416	0.7129	120.0	80.0
14	13	14	0.5910	0.5260	60.0	10.0
15	14	15	0.7463	0.5450	60.0	20.0
16	15	16	1.2890	1.7210	60.0	20.0
17	16	17	0.7320	0.5740	90.0	40.0
18	1	18	0.1640	0.1565	90.0	40.0
19	18	19	1.5042	1.3554	90.0	40.0
20	19	20	0.4095	0.4784	90.0	40.0
21	20	21	0.7089	0.9373	90.0	40.0

支路号	首端母线	末端母线	电阻/Ω	电抗/Ω	有功负荷/kW	无功负荷/kvar
22	2	22	0.4512	0.3083	90.0	50.0
23	22	23	0.8980	0.7091	420.0	200.0
24	23	24	0.8960	0.7011	420.0	200.0
25	5	25	0.2030	0.1034	60.0	25.0
26	25	26	0.2842	0.1447	60.0	25.0
27	26	27	1.0590	0.9337	60.0	20.0
28	27	28	0.8042	0.7006	120.0	70.0
29	28	29	0.5075	0.2585	200.0	600.0
30	29	30	0.9744	0.9630	150.0	70.0
31	30	31	0.3105	0.3619	210.0	100.0
32	31	32	0.3410	0.5302	60.0	40.0
以下为联络线						
33	7	20	2.0000	2.0000		
34	8	14	2.0000	2.0000		
35	11	21	2.0000	2.0000		
36	17	32	0.5000	0.5000		
37	24	28	0.5000	0.5000		

附录 C IEEE 69 节点配电系统数据

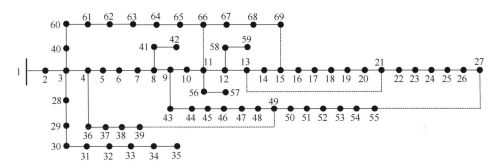

图 C.1 IEEE 69 节点配电系统接线图

表 C.1 IEEE 69 节点配电系统的支路参数和母线负荷数据

支路号	首端母线	末端母线	电阻/Ω	电抗/Ω	有功负荷/kW	无功负荷/kvar
1	1	2	0.0005	0.0012	0.00	0.00
2	2	3	0.0005	0.0012	0.00	0.00
3	3	4	0.0015	0.0036	0.00	0.00
4	4	5	0.0251	0.0294	0.00	0.00
5	5	6	0.3660	0.1864	2.60	2.20
6	6	7	0.3811	0.1941	40.40	30.00
7	7	8	0.0922	0.0470	75.00	54.00
8	8	9	0.0493	0.0251	30.00	22.00
9	9	10	0.8190	0.2707	28.00	19.00
10	10	11	0.1872	0.0691	145.00	104.00
11	11	12	0.7114	0.2351	145.00	104.00
12	12	13	1.0300	0.3400	8.00	5.50
13	13	14	1.0440	0.3450	8.00	5.50
14	14	15	0.7463	0.5450	0.00	0.00
15	15	16	1.2890	1.7210	45.50	30.00
16	16	17	0.3744	0.1238	60.00	35.00
17	17	18	0.0047	0.0016	60.00	35.00
18	18	19	0.3276	0.1083	0.00	0.00
19	19	20	0.2106	0.0696	1.00	0.60
20	20	21	0.3416	0.1129	114.00	81.00

支路号	首端母线	末端母线	电阻/Ω	电抗/Ω	有功负荷/kW	无功负荷/kvar
21	21	22	0.0140	0.0046	5.30	3.50
22	22	23	0.1591	0.0526	0.00	0.00
23	23	24	0.3463	0.1145	28.00	20.00
24	24	25	0.7488	0.2745	0.00	0.00
25	25	26	0.3089	0.1021	14.00	10.00
26	26	27	0.1732	0.0572	14.00	10.00
27	3	28	0.0044	0.0108	26.00	18.60
28	28	29	0.0640	0.1565	26.00	18.60
29	29	30	0.3978	0.1315	0.00	0.00
30	30	31	0.0702	0.0232	0.00	0.00
31	31	32	0.3510	0.1160	0.00	0.00
32	32	33	0.8390	0.2816	14.00	10.00
33	33	34	1.7080	0.5646	19.50	14.00
34	34	35	1.4740	0.4673	6.00	4.00
35	3	40	0.0044	0.0108	26.00	18.55
36	40	60	0.0640	0.1565	26.00	18.55
37	60	61	0.1053	0.1230	0.00	0.00
38	61	62	0.0304	0.0355	24.00	17.00
39	62	63	0.0018	0.0021	24.00	17.00
40	63	64	0.7283	0.8509	1.20	1.00
41	64	65	0.3100	0.3623	0.00	0.00
42	65	66	0.0410	0.0478	6.00	4.30
43	66	67	0.0092	0.0116	0.00	0.00
44	67	68	0.1089	0.1373	39.22	26.30
45	68	69	0.0009	0.0012	39.22	26.30
46	4	36	0.0034	0.0084	0.00	0.00
47	36	37	0.0851	0.2083	79.00	56.40
48	37	38	0.2898	0.7091	384.70	274.50
49	38	39	0.0822	0.2011	384.70	274.50
50	8	41	0.0928	0.0473	40.50	28.30
51	41	42	0.3319	0.1114	3.60	2.70
52	9	43	0.1740	0.0886	4.35	3.50
53	43	44	0.2030	0.1034	26.40	19.00
54	44	45	0.2842	0.1447	24.00	17.20
55	45	46	0.2813	0.1433	0.00	0.00

续表

支路号	首端母线	末端母线	电阻/Ω	电抗/Ω	有功负荷/kW	无功负荷/kvar
56	46	47	1.5900	0.5337	0.00	0.00
57	47	48	0.7837	0.2630	0.00	0.00
58	48	49	0.3042	0.1006	100.00	72.00
59	49	50	0.3861	0.1172	0.00	0.00
60	50	51	0.5075	0.2585	1244.00	888.00
61	51	52	0.0974	0.0496	32.00	23.00
62	52	53	0.1450	0.0738	0.00	0.00
63	53	54	0.7105	0.3619	227.00	162.00
64	54	55	1.0410	0.5302	59.00	42.00
65	11	56	0.2012	0.0611	18.00	13.00
66	56	57	0.0047	0.0014	18.00	13.00
67	12	58	0.7394	0.2444	28.00	20.00
68	58	59	0.0047	0.0016	28.00	20.00
以下为联络线						
70	11	66	0.5000	0.5000		
71	13	21	0.5000	0.5000		
72	15	69	1.0000	1.0000		
73	39	49	2.0000	2.0000		
74	27	55	1.0000	1.0000